共享·一座建筑和她的故事
第三部 **共享运营**

Series of "Sharing: One Building & Tales about Her"
Series No. 3 Sharing Operation & Maintenance

 深圳市建筑科学研究院股份有限公司 编

中国建筑工业出版社

序一 Preface 1

建筑·让生活更美好

恩格斯在《自然辩证法》中说到:"我们过分陶醉于我们对自然界的胜利,对于每一次这样的胜利,自然界都报复了我们。每一次胜利,在第一步确实都取得了我们预期的结果,但是在第二步和第三步都有完全不同的、出乎意料的影响,常常把第一个结果又取消了。"

我们反思我们经济发展、城市建设面临的难以为继的局面,似乎都在验证着恩格斯100多年前的论述。

工业文明造就了人类征服自然、改造自然的巨大社会生产力,建筑科技发展也让我们更大程度上摆脱自然条件限制和极大提升了创造人工环境的能力。我们的城市,失去了往日的安静与亲切,我们的建筑,没有了窑洞的冬暖夏凉、淡去了四合院的温情脉脉、退却了徽派建筑的诗情画意、淹没了土楼的风俗色彩,呈现给我们的是大江南北的千城一面,极度炫耀的标新立异,似曾相识的异国情调和日益严重的生态退化。历史再次无情地揭示了这样的事实:一旦人类漠视了对自然的敬畏和尊重、与环境的共生和共存的基本原则,必然面临疾病丛生、环境污染、资源枯竭和社会动荡等问题。我们看到了建筑领域面临的问题,不失时机提出了绿色建筑概念,全国也呈现出了百花齐放的局面,但绝大多数决策者们并没有跳出用工业文明的技术来解决工业文明的问题的旧框框,这依然不是解决之道。

党的十七大提出的生态文明,它既强调对自然权利的维护,致力于恢复包括人类在内的生态系统的动态平衡,同时也反映了对人类及其后代切身利益的责任心和义务感,力图用整体、协调的原则和机制来重新调节社会的生产关系、生活方式、生态观念和生态秩序。

所以绿色建筑的真正内涵绝对不仅仅是技术和工程问题，它是建立在人性回归、自然尊重和社会责任基础上的平衡建筑体系；它强调的是建筑必须在其全生命周期内以对自然生态环境最小的干扰方式与其共生；它要营造的是一种绿色、健康和可持续的生活方式。

建科大楼就是这种"绿色建筑"的一次有力实践，它是基于"本土、低耗、精细化"的理念，探索应用了共享设计理论、拓展了建筑的绿色内涵，创新使用了数值预测、信息管理、全生命周期等设计方法，充分体现了对环境的尊重、对人文的关怀、对传统审美观和价值观的革新，成功实现了人与自然、人与人、建筑与社会、建筑与生活的共享。

"共享·一座建筑和她的故事"丛书，通过建科大楼的实例，系统地总结了平民化绿色建筑的内涵、设计方法、技术系统、经验和教训等。它所蕴含价值观、认识论、方法论和以本土化、低成本、可复制为特质的技术体系对行业具有很好的借鉴意义。

期待并相信，一直致力绿色建筑和绿色城市研究与实践，富有活力、开拓精神的深圳建科人能为行业和中国可持续城市化建设贡献更多的作品、智慧和力量。

住房和城乡建设部副部长
2010年10月

序 二 Preface 2

共生·共享

一座楼与多少人产生关系？

数不清的人。

尤其对我们这样一个平均年龄32岁，成立时间不过16载的团队，将自用办公楼建在深圳这片热土的城市中轴线上，IBR的标志醒目于川流不息的要道旁，数不清的人无私地倾注了关爱的心血，伸出了温暖的援手。

所以，从一开始就决定了她就不会是一幢淹没在钢筋丛林里的办公楼。

这是时代的产物。

是一群有梦的人和这座改革开放的新城血脉相连的共生体；

是生态技术和建筑语言，现代商业经济与传统文化的共生体；

是员工职业生命和企业团队成长的共生体……

生物体之间生活在一起的交互作用即谓共生，彼此有利为"互利共生"，"竞争共生"导致双方受损。在人类文明进入信息时代，人与人之间的生存竞争已进化至竞和，当单纯的"生存目标"上升到多元的"生活目标"时，我们更愿意将原本冷漠的建筑视为生命体，将意识形态的社会亦拟化为生物的组成。那么，互利共生的结果不仅是竞和，而且是共享。

从设计权利的共享开始

这不仅仅是建筑师的谦让，更是权利和资源的共享。建筑师就像导演，让观众体验的应该是剧情和角色，而不是自己。在职业生涯中，遇此机会，三生有幸！

从场域的共享起步

没有围墙和大门，市民可以自由通达在架空大堂里享受绿意和小憩，通过展示系统了解绿色建筑科普知识。我们不能因为自己要建楼就遮挡左邻右舍的通风道，剥夺行人徜徉在城市街道的自由和亲切。

从人和自然的共享入手

在人类异化、干亲手缔造的工业文明中，清风、细水、绿野、柔光更加令我们依恋。用尽可能低的成本让建筑在中国的土地上江化而何鱼，散发平民的亲和，是我们团队多年来的孜孜以求，自己的办公楼正好是阶段性成果的结晶。

从人和人的共享着眼

人发明了电脑却开始不会写字，离了手机的生活失魂般地混乱，有了互联网邻座的同事得用QQ聊天，这在现代大都市已非个别现象。所以，消除交流的隔阂，营造人性办公空间，在残酷的职场上增添柔性元素，让生活和工作相融相济，是大楼设计最大的原创力。所以会有全员参与的"我的办公空间我做主"活动，会有职工代表投票选家具，会有使用过程中不断的再设计，留白再造优化升级……

2009年4月的搬家利用了两个周末。没有鞭炮彩旗，也没有邀请任何贵宾，甚至连员工的庆典聚会也免了，仅仅希望简约、高效、健康、快乐的生活法则从启用绿色办公楼的那天起化为每个IBR人点滴行动之中。乔迁的喜悦共享于领导的访问，同行的交流，学术互动和市民的体验之中。

每一天的大楼都是新的。因为每一天的阳光和风，每一天的绿叶和芳草，每一天的笑容和心情都会不同。我们每一天对世界的认知，对自然的感觉，对技术的掌握都会不同。

当我们建造起一栋有生命的建筑，并决定生活于此，工作于此，设计的体会、建造的体会、运营的体会、生活的体会，注定了建筑与人的故事永远不会结束。区区一则丛书无法言尽酸甜苦辣，若能共享一份情怀亦足矣！

绿色事业的终极目标应是没有"绿色建筑"。那时，所有的建筑都将成为"呼吸着的生命体"。

思维决定行动，观念决定出路。无论过去、当下，还是未来，我们始终坚守着一个梦想，希冀能以最富创意的建筑技术为民众实现健康、简约、高效、可持续的人居环境，以回报上天给予的众多恩赐。起码我们健康地活着就是最大的福报，而活着的每一天都会消耗资源排放废弃物。只有一个地球，各个生命体之间、当代和后代之间不断争夺着有限的生存空间。希望这种争夺也能化为互利共生，永续和谐。

共享我们绿色的梦和做梦的快乐！

深圳市建筑科学研究院有限公司 董事长

回顾 Review

绿色建筑的本质：
从关注"建筑物"到关注"人"本身

  2007年起至今，从选址、设计、研发、建设一直到现在的运营，作为我国首批获得国家三星级绿色建筑认证（运行阶段，最高等级）的项目，建科大楼的实际成效证明了走低成本、平民化、被动技术为主的中国特色绿色建筑是可行的、成功的。建科大楼不仅实现了节能、节水、节地、节材、环保等绿色建筑本身"物"的目标，获得了包括2011年全国绿色建筑创新奖一等奖在内的多项国内外设计大奖，更重要的是实现了对传统设计、管理模式的变革，实现了高效、健康、快乐的绿色工作和绿色生活，回归到绿色建筑的本质是要将关注点从"建筑物"转移到"人"本身这一重大命题。

  抚今追昔，我们不得不问自己，是否完全实现了我们最初的梦想？是否完全体现了绿色建筑所需要的共享精神呢？让我们回顾本套丛书的第一册《共享设计》、第二册《共享建造》，再来看看其中共享的精髓，再来衡量一下共享设计、共享建造所提倡的共享权，我们很高兴我们已尽最大努力遵照了这些要求，这一点我们非常欣慰。

方案回顾

丛书第一册《共享设计》节选

流程变革:实现设计参与权优化

共享设计将创造设计师与业主和(或)使用者的亲密对话、建筑师与工程师激情共创、建筑学科与关联学科相互融合的平台,通过全项目管理实现需求、手法和理念的共享设计和使用过程中的再设计。

内涵增加:实现建筑共享平台

建筑作为人与自然、人与人、物质与精神、当下与未来的共享平台的前提,是在设计过程中赋予设计更多的内涵,包括从以功能为核心到以性能为核心,开展资源平衡设计、运营设计、施工设计、提供用户手册等。

推敲过程模型

第二轮竞赛方案

讨论方案

今天你投票了吗

方法创新：实现共享的技术手段

共享设计必然要求方法的创新，包括具体的设计思路、技术材料选取及整合方法、设计流程的管理和全寿命周期内的反馈与挑战等信息技术手段。

丛书第二册《共享建造》节选

共享建造——从绿色施工到价值

"绿色施工"是共享建造的重要组成部分，但只有在基于"价值共享"的内涵延伸之后，才能称之为"共享建造"。

我国尚处于经济快速发展阶段，作为大量消耗资源、影响环境的建筑业，应全面实施绿色施工，承担起可持续发展的社会责任。绿色施工是指工程建设中，在保证质量、安全等基本要求的前提下，通过科学管理和技术进步，最大限度地节约资源与减少对环境负面影响的施工活动，实现四节一环保(节能、节地、节水、节材和环境保护)。在当前我国建筑业发展水平下，"绿色施工"的要求突出地体现在发展绿色环保的新技术、新设备、新材料与新工艺，并推广应用于实际工程——一如建科大楼建设实践所谋求、检验和展示的。

但共享建造不仅止于此，它要求在三个层面上实现"价值共享"。

首先是在针对建筑项目本身的"点"的层面，共享建造应协调、消解项目各利益相关方的主客藩篱，以共同的立场、平等的角色设定和主人翁意识，将各方经验、意见、需求和利益整合贯通，在一座绿色建筑的全生命周期上，最大程度地实现绿色建筑所追求的三个目标——"适宜健康、低耗高效、环保和谐"。这个层面的"共享"，是人与人的共享（共赢互利）和人与自然的共享（生态友好）。

其次是置身于所处行业、所在时代的"今是昨非"和"新陈代谢"的层面上，共享建造应协调、消解业内各从业主体间技术藩篱、经验藩篱，努力化一家之经验教训为行业共同的财富，努力化昨日之辛酸笑泪为未来发展的前车之鉴、牵引之力，努力降低新技术、新设备、新材料与新工艺的行业进入门槛。这个层面的"共享"，是现在与未来的共享，即将行业对绿色建筑的"初适应期"压缩至最低程度。

最后是在精神文化、价值理念的层面上，共享建造应协调、消解物质枯竭与物欲膨胀之间的心灵藩篱，将绿色建筑实体的演化过程化为友爱看待同类和万物的灵修过程，将绿色建筑的精神内核化为人们绿色生活的道德准则，进一步将绿色生活诉求化为对人类终极关怀的响应。因为绿色所以更懂得爱，这个层面的"共享"，是物质与精神的共享，是一代建筑人的精魂所寄。

如果说，西方的快餐文化都可以在现实中占有充斥大街小巷的强势地位，成为一种新的饮食文化，那么，我们希望以建科大楼为代表的绿色建设实践和具有指导意义的"共享理念"的绿色文化，也能够成为中国未来建设行业的主流文化！

前 言 Forward

共享运营——平衡之道

> 绿色建筑是基于一种平等的生命观,不要因为我们是智慧的人类,就剥夺植物、蚂蚁的生存权;也不要因为我们建得起楼,买得起房,就占据其他人的生存空间,他们也是这个社会的成员,也是这个城市的居民,拥有在这片土地上自由生存的权利。
>
> ——叶青

秉承着共享·平衡的理念,建科大楼自诞生的那刻起就注定不是一个简单的存在,从设计、建造到运营,三分天下的格局更加清晰:一分为了自己,一分为了别人(社会),一分留给自然。

为了自己　平台共享

遵循绿色理想贯穿建筑全生命周期的原则,建科大楼的绿色从未停止。建科人把这里当作最大的实验平台,各种技术的、管理的理论及实践在不经意的角落欣然绽放,结成硕果:一个已经被树荫掩盖的气象站,曾是大楼建设前期场地气象监测的哨兵,它所监测到的温度、湿度、风向、风速等数据,是建科大楼功能定位及造型的重要依据之一;一个已爬满鲜花的光伏发电支架,有着非常帅气的名字——"追日",曾是粤港合作课题的设备,目前已顺利结题;办公桌某个角落摆放的探出一小截探头的黄色小纸盒,那是室内环境监测器在默默工作;还有公共区域中贴着"电池回收"标签的废旧盒,将废旧电池集中处理……所有这些,于建科人来说都有着非凡的意义。依托大楼而完成的课题、发表的论文、专著数量在不断增长。大楼中使用的技术手段,经过不断调整、改良,成为一个又一个示范项目中使用的核心技术。

建科人与这座大楼之间的浪漫故事,还远不止如此。在这样一座与众不同的大楼里,我们如何来运行维护,使绿色建筑设计的意图得以实现,使节约的各项指标变为真实的数据,使绿色建筑真正"绿"起来,对绿色建筑四环节中资源消耗最大的部分进行有效的运营 管理,是建科人需要面对的新挑战。

为了别人　信念共享

没有围墙也没有大门，建科大楼6米高的大堂，常有小学生在午间停留于此，一边观察开放式展厅中的各种材料及说明，一边等待将要乘坐的校车。退却炎热的夜晚，三三两两结伴而来的居民坐在水池边闲话家常，而水环式空调散热系统暨景观水池跳跃的水花，也成为小朋友们喜爱的风景。

从建设开始至今，建科大楼已有近两万人前来参观、交流。绿色建筑不仅仅是一场革命，而且是觉醒的人类艰难的自我救赎。IBR始终坚持一种信念：绿色建筑不是高成本的代名词，不是高技术的组合体，而是突破钢筋混凝土的束缚，走出人工智能的盒子，更多地享受清新自然的风雨艳阳，体会汗湿衣襟的畅快淋漓，回归最诚实的生命需求。"用最富创意的建筑技术为民众实现健康、简约、高效、可持续的绿色人居环境，为中国人的理想生活提供无限可能"是建科人的使命，也是致力于绿色事业、投身于自我救赎行动的所有同行者的使命。这一信念以建科大楼为载体，伴随来访者的参观、各类媒体的报道、建科大讲堂等学术交流，与更多志同道合的人共享。不管最终的目标怎样遥远，至少我们已经在路上。

为了自然　和谐共享

任何建筑的存在必定消耗资源，必定打破原有的生物形态，就如《阿凡达》中所展示的那样，人类成为这个地块上的"入侵者"。而建科大楼试图实现的是一种生物体之间"互利共生"的形态，将冷漠的建筑视为生命体，她本身即为自然的一份子。可自由角度开启的中悬窗、别具用心的玻璃底板、简洁实用的光导管技术，将自然的光和风引入室内、地下室，大楼里的人们有更多的时间可以享受自然的清风柔光，也让更多空间的植物得以自然生长；屋顶的太阳能格栅、屋顶绿化蓄水池、各楼层的防雨木地板、地面层的透水地砖等，与雨水最大面积地亲密接触，增加回收利用的可能……

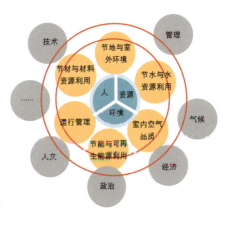

建科大楼运行两年来，这种睦邻友好、和谐共享的氛围愈加浓厚：小麻雀自告奋勇衔来种子，在西面花槽里种下了长势茂盛的茅草；南飞的燕子在六层的空中花园安家，马蜂不甘寂寞，与它们毗邻而居；七层西面的茶水间曾有世界上已知最小的鸟类——蜂鸟出现，同事中的"摄影师"抓住了这惊鸿一瞥的瞬间，留下了它美丽的舞姿；而七层南面花槽的一株龟背竹叶下，一对恩爱的鸽子夫妇已经养大了它们的小宝宝，同事们用相机记录下了这对小鸽子的成长史，还适时地提供了玉米粮食，成为小鸽子的"奶爸"、"奶妈"。因为有了它们，更多的故事在大楼继续。

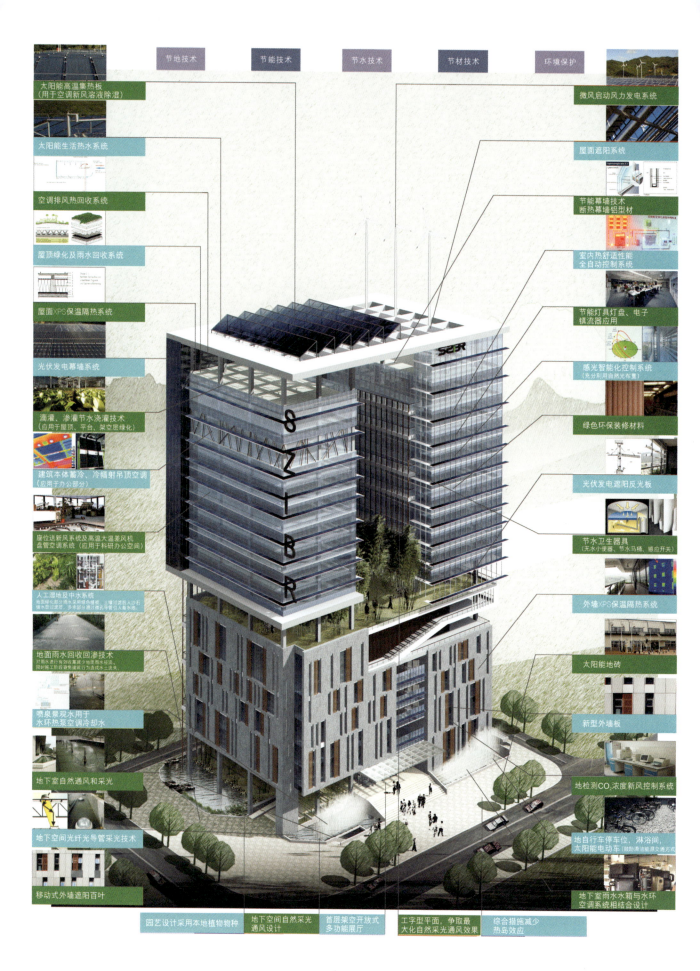

目 录 Contents

序一	建筑·让生活更美好	002
序二	共生·共享	004
回顾	绿色建筑的本质： 从关注"建筑物"到关注"人"本身	006
前言	共享运营——平衡之道	010
支点	绿色运维	015
探析	绿色印证	049
分享	绿色享受	093
记录	绿色传播	113
述说	绿色遗憾	129
对话	绿色畅想	137
后记		148

支点 | 绿色运维

共享&平衡的绿色运维理论

在IBR绿色建筑技术推广策略中，规划设计是灵魂，建造技术是手段，改造更新是优化，产品技术是基础，运营管理是保障。

从建筑的全生命周期来看，运营管理阶段资源消耗量最大，同时也是对项目的实际效果予以验证的阶段。这一阶段的管理是否有效，将直接对项目的成败起到关键性的作用。

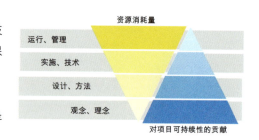

在建科大楼的运营管理之中，我们试图探讨一种精细化、适宜的运行维护模式，既能充分实现设计与建造的共享理念，达到设计初期的各项节能绿色目标，同时又能从人性关怀、资源节约、环境友好的角度，平衡建筑本身与在大楼中工作和生活的人的关系；平衡与社会其他人之间的关系；平衡人与自然之间的关系，实现建筑与自然在和谐共生的前提下持续发展。我们将其称为"绿色运维"。

首先，绿色运维秉承共享的理念——开放。绿色运维体系的建立，不仅仅是行政管理者们制定决策，还有设备供应商、物业管理人员、科研人员、课题合作伙伴、业内专家共同探讨。同时，在大楼里的每一位使用者都可以参与提出有效的建议，并在运行的过程中不断总结经验教训，适时调整或补充内容。

其次，绿色运维体现的是各种要素之间的平衡。绿色运维并不因达成节能、绿色的目标而牺牲舒适度，而是引导大家在节约资源、保护环境的同时，养成健康的行为模式，从而达到绿色建筑设计及建造初期的目标。

S. H. E. —— 绿色运维的内涵

绿色运维是绿色建筑全寿命周期中的一个重要组成阶段，也是人们享受健康、简约、高效、可持续发展的绿色人居环境的体验形式之一。它随着使用者需求不断调整、设备功能逐步衰减、环境承载力逐步改变而动态变化。绿色运维秉承绿色设计的三个观点：时间观、空间观、系统观，从建筑物的全寿命周期角度进行关注，从硬件设施、软件管理以及使用者的幸福感受三维空间予以关照，同时注重各类资源的统筹综效，用最少的资源达到省时、省能、省钱的运营效果。

安全（SAFE）、健康（HEALTHY）、高效（EFFECTIVE）成为其主要内涵。

小贴士：绿视率的概念

绿视率（Green Looking Ratio）：指人们眼睛所看到的物体中绿色植物所占的比例，它强调立体的视觉效果，代表城市绿化的更高水准。

小贴士：绿视率的提出者

日本的青木阳曾于1987年提出"绿视率"概念。

小贴士：绿视率的应用

绿色在人的视野中达到25%时，人感觉最为舒适。据统计，世界上长寿地区的"绿视率"均在15%以上，不难看出，绿视率与人的寿命是何等密切相关。这涉及一个新的生态概念问题，即"视觉生态"问题。

"绿视率"是从人对环境的感知方面考虑的，并且它是随着时间和空间的变化而不断变化的，是一个动态的衡量因素，侧重的是小区绿化的立体构成。与"绿化率"、"绿地率"相比，"绿视率"更能反映公共绿化环境的质量，更贴近人们的生活。"绿视率"概念的提出，为居住小区绿化质量的优劣提供了一个全新的衡量角度，为居住小区景观绿化的设计提供了一条新的思路，真正地实现了景观绿化设计中"以人为本"的设计思想，具有现实的指导意义。

S.——SAFE安全。安全的使用环境，是我们提供给建科大楼使用者、来访者最基本的运维保障，包括从建筑物周边公共安全的管理，到建筑物本身的结构形式、内部装修材料选择、设备系统、网络系统使用安全，再到通过各项管理措施、人文引导实现人、财、物的安全。

H.——HEALTHY健康。健康的使用环境从室内空气品质开始，到整体环境的布局、绿色人文引导，从各个角度关注使用者、来访者的身心健康。随着我们认知程度的提升，许多危害人体健康的物质被发现，在建筑物里最常见的"毒物"是甲醛、最普遍的"毒物"是总挥发性有机物（TVOC）、最凶险的"毒物"是氡气等。建筑物装修越豪华，使用的材料越多，被污染的概率越高。建科大楼采用简约的装修风格，在功能上多花心思，既节省材料又让使用环境更为健康。同时，还将"绿视率"的概念引入建筑中，按照此"视觉生态"的研究表明：绿色在人的视野中达到25%时，人感觉最为舒适。

E.—EFFECTIVE高效。综合资源使用效率更高是我们的追求，从空间的高效利用、智能监测的能耗调控、各类设备的精细使用到日常资源的统一调度、合理调配，都试图在最适宜的状态下发挥最佳的效能。而使生命高效则是建科人追求的高效终极模式，为达成此目标而制定的各项制度，采取的各种措施莫不为此服务。例如在工作流程的设计过程中尽量减少无效环节；实操工作做到标准化、模板化；支持保障工作开设统一呼叫平台，目前内部就有IT服务平台1861、行政服务平台1860、工会服务热线1789等，将各种资源集中、统一调配实现高效服务。而办公系统自动化的推行，则是在节约的同时实现内部流程快速流转，提升工作效率。《建科大楼管理办法》是新员工入职的必备培训课程之一，让在这里工作、生活的建科人迅速掌握大楼的使用技巧，是给建科大楼的"使用说明书"。

S. H. E. 的绿色运维管理模式，也获得了使用者的认可。2010年度面向全体员工开展的建科大楼使用满意度调查显示，95%员工对办公环境表示满意，认为提升了工作效率。

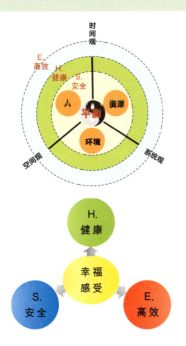

"更多、更细、更精"
—— 绿色运维与常规运维的区别

为达到 S. H. E. 的绿色运维目的，建科大楼的运维管理从制度要求、技术支持、行为指导、持续改进四个维度来进行。比常规的运维管理模式做得更多、更细、更精。

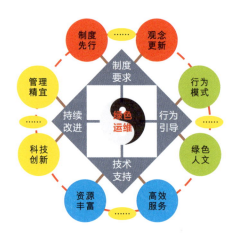

建科大楼绿色运维模式与普通写字楼运维模式比较：

项目		普通写字楼	建科大楼
主要设备系统	1. 变配电系统供电模式	供电局所供市电	市电+太阳能光伏小并网；太能光伏用电占总电量的5%～7%
	2. 给水排水系统	市政供水+直排至市政管道	市政供水+二次回收用水（中水、雨水）；污水排水基本零排放
	3. 消防系统	自动喷淋+防火卷帘	自动喷淋+防火卷帘；西南面消防楼梯与室外连通
	4. 空调系统	采用大型冷水机组、蓄冰空调、分体空调，空调开启季：3～11月	采用多种设备、多种技术体系：各楼层区域根据需求采用定风量（变水量）的低速风柜系统；新风柜+普通风机盘管系统；全热回收集中新风系统＋高温风机盘管系统；全热回收集中新风系统＋被动式冷梁(干式盘管)系统；热泵驱动溶液除湿新风系统＋冷却吊顶系统；自然通风口补充新风系统；水源热泵式中央空调系统；空调开启季：一般为5月下旬至10月上旬
	5. 电梯系统	电梯机房较大	小机房电梯+无机房电梯+盲文电梯按钮
	6. BA系统	管理模式较简单，协议涉及面较少	BA系统（协议涉及厂家较多：协议开放不一样；管理模式较复杂：新风机机组风阀根据室内CO_2浓度开启角度；热泵驱动溶液除湿新风系统＋冷却吊顶系统根据室内温湿度开关闭各冷冻水管支管执行器及关闭冷水机组）

续表

项目		普通写字楼	建科大楼
主要设备系统	7. 监控系统	常规物业智能化监控系统	常规物业智能化监控系统； 环境和能耗监测系统； USB服务器
	8. 景观系统	普通绿化； 景观水池市政水补给	利用回收雨水做景观水池用水； 屋顶菜地； 中庭遮阳绿化； 湿地绿化
	9. 照明系统（节能灯+T5光管）	普通照明 普通门禁 传统会议系统	绿色照明系统（停车场、会议室采用LED照明，白天靠窗办公区域不开灯）
	无		智能门禁系统（公共门禁+区域门禁+公寓门禁）； 智能报警系统； 会议系统（国际会议报告厅+远程会议系统）； 光热系统（用于各楼层冲凉房和专家公寓浴室用热水）
绿化及环境		采用自来水喷洒和水管浇灌； 绿化植物主要为美化环境种植	采用中水喷洒+滴灌浇灌技术； 一层湿地绿化根系具有中水、雨水净化功能； 七层以上中庭绿化兼具遮阳效果； 大堂全开放，成为对外自由开放的展览空间
清洁		传统的清洁作业	在传统清洁作业的基础上，重点对废弃物进行分类，危险废弃物找专业回收机构回收处理
车辆		按大、中、小型车收取费用	员工机动车停车费用按尾气排量缴费，鼓励员工绿色出行
管理服务内容		侧重对楼宇及设备设施、秩序、保洁等	将传统物业管理内容、节能环保、对人的服务三方面有机结合； 有明确的绿色运维方案
管理模式		事项的管理，兼顾对人的服务。 项目管理——重在对设备系统、环境、秩序的管理，保障设备系统的安全运行	项目运维——在对楼宇及设备系统全面、规范管理的基础上，重在节能设备的运行、节能技术的运用、节能效果的维持，并通过对声、光、噪声、废气的防污减排，营造舒适、健康的工作环境； 年度防灾救灾方案——结合大楼实际，建立防火、地震、防台风暴雨、防水浸、电梯等应急突发事件规程，实行联防联动（即产权单位与管理单位在管理中各司其职，在应急机制上合二为一，统一组织行动）； 楼宇年度体检方案——为保障楼宇及设备设施安全，确保满足楼内员工正常办公需求，针对楼宇系统功能及设备特性，参照各类材料使用年限、各类设备使用年限，物业单位每年皆拟订《建科大楼楼宇及设备设施维修养护方案》，即楼宇年度"体检"方案；包括日、周、月、年巡查、保养内容与作业标准，有效规范、指导维修养护工作的落实。同时参考不同楼层使用频率进行"健康体检"，力求防患于未然

第一节　空间管理

建科大楼作为高密度城区里功能高度叠加的"汉堡包"建筑，充分挖掘了建筑空间本身对"绿色"的价值，是对传统办公模式的颠覆，处处体现设计师们的智慧和走出办公楼匣子亲近自然的理念。

01　安全的大楼 —— 你的、我的、我们的安全家

石头

一层石头景观标识

顶层改造前

顶层改造中

顶层改造后

使用安全——从小石头说起

大楼东南角有一堆鹅卵石垒起来的小景观，细心的来访者会问为什么要放这些鹅卵石，难道不是浪费吗。其实这些鹅卵石原本铺在十三层屋顶的无水浇灌区。设计师基于雨水收集的效果和景观美的要求，做了铺设鹅卵石的园艺设计，确实从功能和美观上来看效果都很好。2009年9月30日，建科大楼迎来了第一个市民开放日，通过网上预约、电话报名的市民朋友们共90多人前来参观。有个3岁多的小女孩到屋顶无水浇灌区看到大片绿油油的植物非常兴奋，跑到植物丛中玩，还好奇地看看植物根部是否有水。她看到地上的鹅卵石，立即就想抓起来往楼下扔。此时，陪同参观的运维管理人员吓了一大跳，连忙劝止。此事也让运维管理人员深有感触，因大楼属于科普教育基地，来访的人员中一定会有小朋友，这种铺鹅卵石的园艺装饰方式存在安全隐患。他们立即和园艺工程师商量，将铺鹅卵石的地改为嵌入式石板。而这些鹅卵石就搬至一层，在大堂周围垒成几处装饰景观。当我们的园艺设计师们走过时，都会时刻记得提醒自己，功能和美观很重要，但安全问题更应该是设计师需要考虑的重要因素。

义务消防员

使用安全——义务消防员

在IBR有一群可爱的同事,他们有着特别的名字"义务消防员"。每层楼以南北分区为单位,每个单位设有A、B角。物业管理处巡消队长统一调度,并针对大楼防火、防暴应急预案进行专项培训。队员们熟悉大楼内各种消防设施的位置及使用方法,熟悉火灾发生时的应对措施。紧急情况发生时,他们就是分区单位的组织者,配合应急小组的人员进行人员紧急疏散和第一时间的救援活动。但也同时被要求,不得进行超越自身和设备能力范围外的危险救援工作,确保自身安全。因为有了他们的有序组织,2010年举行的三警联合演习中,整个大楼人员疏散工作不到5分钟全部完成。在人员增加50多人的情况下,比2009年演习疏散快了2分多钟。

消防员

刷卡管理

智能的门禁——防随意干扰

随着节能和绿色的推广,建科大楼访客日益增加,在安全方面有了新的要求。开放的大堂布置成了建材科普廊,一些慕名而来的开发商、项目负责人、同行专家对建科大楼所用的材料表现出了浓厚的兴趣。有些市民在自己家装拿不定主意时,也会过来参考。

为保持办公室不被随意干扰,最后决定在大堂增设进出闸道,若继续往其他楼层参观则需要进行个人信息登记。在大楼工作的同事使用IC卡,集门禁、考勤、用餐缴费等功能于一体,方便快捷,同时保证办公区域的独立和安全。

用车调度OA申请

02 高效的大楼 —— 空间的高效利用

  在信息化时代，网络依赖度越来越高，网络高科技手段的使用，无疑提高了工作效率，降低了沟通成本，但同时也使得大家面对面沟通的时间越来越少，动手敲键盘的时间越来越多。IBR自2008年outlook、communicator等即时交流软件的上线推广，OA系统的进一步开发，到IBM的实施、虚拟服务器的启用，已迈入了网络共享新时期，也面临人际沟通的危机：相邻两个卡位之间的同事都不愿意说话，直接在即时通上或发邮件沟通事情。原本工会组织一次考察活动大家总是热情高涨从者如云，而今连续3次工会召集考察活动，因响应者不够30人组团，被迫改变行程。在IT部的同事绞尽脑汁为网络安全作各种努力的同时，管理者们也开始发愁：如何能让大家从对计算机的迷恋中走出来，走出日渐冷漠的人际交往怪圈？

  建科大楼的落成，使得这一问题迎刃而解。虽然大楼占地面积不大，但大楼设计了40%左右的公共交流空间——开放的大堂、面对面大办公桌、会议中心、空中花园、各层休闲平台、屋顶花园、多功能厅、开敞楼梯间等，整个建筑更像是一个有着园林属性的空间组群，内与外的界限不再清晰，人与自然相遇在若即若离之间。工作与休闲共存、正式与非正式交流互动，人们在变化丰富的环境中往返穿梭，传统的空间在这座建筑中已变得模糊散淡——建筑的意义不只是物理的实体，更是在创造全新的"办公生活"模式。

空间利用

中间的休闲平台兼做交通走道

花园中的会议室——灰色空间的挖掘利用

不同于常见办公楼嵌入几个空中花园的做法，建科大楼面向东南呈凹形，南北分区均为开放式的大办公间，没有隔墙，没有部门领导办公室。连接南北分区的大空中平台不仅是人们工作之余休闲、散心的场所，而且是替代了传统的走廊、门厅、会客区及交流区等功能，层层设置、无处不在，甚至成为建筑的核心，也让"面对面"的交流方式成为可能。一般的客人来访均在室外平台进行，甚至有同事还把方案讨论等简短的交流会放在室外平台上。身处清风柔光中，心情愉悦，设计出来的作品，当是又"自然"了几分。而在室内办公桌前的时间，员工因为不受干扰、集中精神，似乎变得效率更高了。

六层空中花园室外会议室成为招待贵宾的胜地，仅2010年，就使用120多次，参会人员达2000多人次。在所有会议室中使用率排第二位。

曾经有来访者疑问，建科大楼这样的设计方式，是不是会让使用效率降低？处在夏热冬暖气候带的建科大楼，灰空间价值的最大挖掘正是设计师们智慧的体现。不管室内还是室外的空间，只要合理使用，就不能否定它的使用价值，而IBR的运维管理者们正是将设计师的意图贯穿始终。每个楼层的平台都配有舒适的户外木桌椅，炎热的夏天会有遮阳伞，大平台和西面的茶水间连通，让风自由地吹过平台，带走暑气送来凉爽。同时，大楼实现网络全覆盖，只要凭自己的ID和密码，随时随地可以进入局域网，无障碍开展工作。因此更多的同事愿意走出人工智能的环境，享受自然的清风细雨。

六层空中花园——项目交流会

六层空中花园美国前驻华大使洪博培来访午宴

多变的远程会议室

2009年5月26日深圳市国家机关办公建筑和大型公共建筑能耗监测平台验收会

多变的会议室——室内空间的组合变化

建科大楼10个会议空间，使用率最高的是位于五层的远程会议室。远程会议室最多可容纳50人开会。随着各地分公司的增设、各地项目的开展，远程会议成为越来越重要的高效、低成本的会议形式。大楼内的会议形式有：250人的大讲堂、座谈会，还有签约仪式、招标开标会，以及各类通过远程形式召开的会议，总经理办公会、项目汇报/沟通会、职工代表会、招聘面试会等。每年节约200人次出差成本，快速解决了各类相关问题，为工作推进争取了宝贵时间。

十二层南区的多功能厅，更是千变万化——每周二晚上是同事中瑜伽爱好者们的练习场、客人来访时的自助餐厅、工会乒乓球比赛场、下班后年轻同事们的健身房、加班后放松心情的按摩室、招聘时的考场、竞聘时的培训室、中秋博饼活动时的主战场、圣诞节的party、年终收工利是的发放点和合影处……完美地实现了设计时的绿色理念：自由开敞的空间，为高效使用提供无限可能。墙壁上的公司愿景，让我们牢记建科人的使命——用最富创意的建筑技术为民众实现健康、简约、高效、可持续的绿色人居环境，为中国人的理想生活提供无限可能！

十二层南区——瑜伽室

十二层南区——晚餐场地

十二层南区——乒乓球比赛

十二层南区——运动器械

十二层南区——圣诞活动

2009年迎春晚会，高朋满座

位置不够了——管理的智慧突破条件的制约

2009年IBR表彰迎春晚会在建科大楼五层报告厅举行，当时IBR共有300多位同事，加上专管单位领导和获得"优秀亲友奖"受邀前来参加晚会的亲属共有350多人，报告厅的位置不够坐了！到底如何排座位才能让同事们都高高兴兴参加晚会，现场又不至于混乱呢？这时有同事提议：我们买些收纳凳（可以做储物箱），摆在座位中间的走道和舞台两侧的空地上，谁愿意坐，收纳凳就送给谁。这个方案很快就获得大家一致通过。晚会的前一天，行政中心通过网络发布了这一消息，并通知大家除了领奖人员坐在领奖席便于追光灯制造效果外，其他人都可以自由选择座位。结果许多年轻的同事们主动坐到了收纳凳上，晚会气氛非常热烈。结束后，一些同事带走了收纳凳，还有一些同事把收纳凳叠起来交给会场的工作人员，建议留下来下次会议再用。现在开大会如果位置不够，我们就采用收纳凳加座位的办法，这也成了会场一道和谐的风景。

收纳凳

许多时候，我们的需求不断增加，一定会受到空间的制约。用一些管理的小办法也能解决空间使用的大问题。

对外敞开的登山楼梯

空间设计——我们的高效、快乐工作空间

　　而关于行为模式的考虑，是设计师们送给使用者的宝贵礼物。大堂没有围墙、不设空调，阴凉、开放的空间设计适应于深圳气候，也贡献于城市。因此，早上偶有小学生没有完成作业，在等车的时间里偷偷跑进大堂完成作业。五层报告厅一反常规地置于楼层中部，体现着对现代高层办公模式新的思考，它缩短了大多数人员到此的交通距离，强化效率的同时，也节约电梯能耗。每个月的员工大会升旗仪式结束后，大家能在最短的时间内通过开敞式楼梯汇集到报告厅。登山楼梯（疏散楼梯）对外敞开，覆盖着通透的遮阳架，提供了一个舒适的步行环境，每天午餐时间成为大家一边聊天一边锻炼的好去处，同时也减少了相近楼层间电梯的使用频率。吸烟区位于开敞的下风向。每层的打印、复印等重污染区也从办公空间中独立出来，安置在平台一侧，有着良好的通风条件。

　　林林总总，空间的设计引导着健康的生活方式，减少了人们对人工环境的依赖，促进高效、快乐的工作。

兼作登山道的消防楼梯

03 再生的大楼 —— 空间可持续发展

空间的可持续发展，表现为配合使用功能而快速改变用途的能力。建科大楼在设计时秉承这一理念，在许多空间上都能再次开发利用。例如大堂空间的再次提升改造，原有的材料展示空间将衍生为接待区、读书角、贵重物品储存处等。

位于二层的绿色城市建设成果展厅，同样具备了快速改造的条件。最初北区的展厅内容为IBR常规业务展示，与一层大堂的材料展示区互相呼应，为市民朋友们了解节能及绿色建筑的一个窗口。2009年，我们接到紧急任务，在二层做一次摄影展，筹备时间只有两周。从设计师出方案到完成展品的布置，我们在预定的时间内漂亮地完成了此次任务。之后由于对工业化及住宅产业化事业的推广，展厅里面又增加了一间小房间作为同城排水系统的展示区域。

2011年6月底，因工作需要，必须在三天内将北区展厅变成IBR综合介绍成果展。展厅先前的布置以纸箱和垂幕为主，因此，在确定展出内容后，直接将纸箱上的展示内容进行替换，结构作了小范围的调整，再把灯光的位置作了些变化，完成了此项任务，也取得良好效果。改造花费成本非常低，大部分展示品可以重复使用，不像常规展厅每展览一次就必须消耗大量材料，同时也产生大量垃圾。

有了多次经验的积累，在运维过程中，我们对二层展厅空间的可持续发展使用更有信心了。

二层展厅变换空间——绿色建筑展

二层展厅变换空间——摄影展

第二节　资源管理

绿色建筑应为人与人、人与自然、物质与精神共享提供一个有效、经济的平台。绿色建筑不仅提供健康、舒适、资源高效利用的构筑物,还要引导社会行为和人文(包括人的生活工作方式、交往方式、行为方式及思想方式)。

——叶青

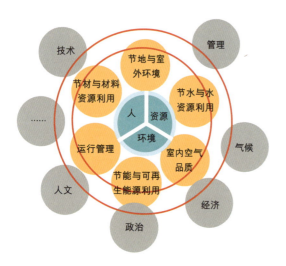

01 综合管理 —— 设备和系统的高效统筹

建科大楼兼有实验的功能。在科技发展迅速的当代，新技术、新产品层出不穷，作为新兴的绿色领域更是如此。许多在夏热冬暖地区尚未实施的技术或设备，设计人员为了更好地了解其性能，尽可能地降低项目使用新技术、新型设备的风险，通过在大楼的使用、实测验证其效果，并掌握其性能。大楼目前有空调系统四套、太阳能光伏组件四种，其他设备类型也是根据不同课题需求而种类繁多，因此给绿色运维的精细化管理带来了一定难度。

在建科大楼绿色运维体系中，对资源的高效、精细化管理依靠多方面的共同努力来实现：运维管理者、供应商、物业公司以及在大楼中工作的所有人。

我们首先以设计值为依据制定了绿色运维的目标，策划实施方案，建立由行政管理人员、研发人员、物业管理人员和使用者代表组成的联合小组来执行及评估效果。

要做到精细化管理，离不开智能技术的支持。建科大楼安装了一套近300万元的监测系统，大楼所有能耗数据均能在控制台中实时显示。通过分析监测数据进行及时优化管理。

多套设备、多种产品情况下的统筹管理模式及精细化管理办法

首先在供应商的协助下，以物业机电管理人员为主，分门别类列出79项节能产品清单，一方面保证正常的安全使用，做好运维性能记录；另一方面能实时监测数据指标对其他产品的影响以及对环境的贡献值，对设备的实际节能效果予以验证。IBR编制了《建科大楼绿色运维规程》，对节能、节水、垃圾处理、环境绿化、污染防治等活动明确管理办法及负责人。

六层气象站

屋顶气象站

六层喷雾

空调开启的指挥棒——气象站的权威性

　　建科大楼空调的开启并不完全由气象局公布的温度指标作为参考依据，而是根据矗立在六层空中花园的气象监测站来指挥。不仅仅考虑温度，还有当时的湿度和风速均要作为参考数据。当检测到的气温超过一定值，六层空中花园的喷雾系统会自动启动，辅助降低热岛效应。

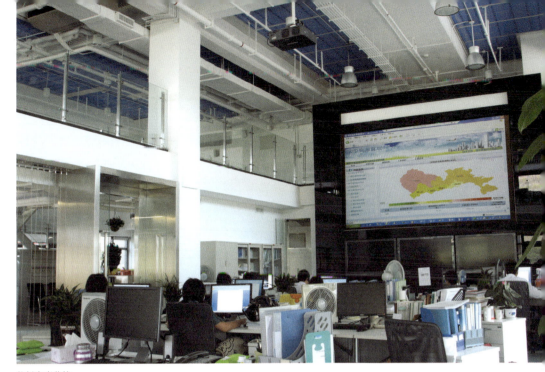

能耗实事监控

省电的魔法——电气设备系统管理

1. 加强能源分类计量管理

（1）实时监测，发现数据差异，及时查找原因。

（2）主动与研发中心绿色运维小组沟通协调，利用大楼能耗监测数据发现大楼用水用电异常环节，及时纠正。

2. 加强能源统计管理

每月对大楼耗能情况与去年同期进行比较，每年与同类型物业作横向能耗比较，形成分析报告。

3. 加强能源消耗定额管理

（1）根据大楼实际情况确定耗电指标。

（2）根据大楼用电负荷及时申报报停变压器。

4. 加强过程控制，实现精细化管理

（1）制定合理的设备运行方案，特别是三大耗能系统（中央空调系统、给水排水设备系统、配电系统）的运行方案，合理安排、科学调度，严格执行。

（2）严格执行巡回检查制度。在办公及公共场所通过文字提示及安装感应开关，做到人走灯灭，杜绝长明灯问题；监督不再使用的电器设备电源是否关闭。

（3）根据天气变化和实际需求，及时调整路灯、空调系统等公共用电设备设施的启停。

（4）制定严格、规范、安全的用电节电管理制度。对临时用电（如施工用电），实行申报审批制度。

西侧消防通道（透水砖）

节水的秘诀——水系统的循环利用

    1. 利用中水系统。收集大楼的污水（如厨房排水、洗澡水、洗手盆排水等），并经过污水处理程序后形成达标中水，用于冲厕所、冲洗路面、浇灌植物等用途。

    2. 收集雨水。发挥雨水回收利用设施功效，用于浇灌花木、冲洗路面污垢、景观用水等，并用于负一、负二层实验室、收发室、管理处及大楼仪器库房水环热泵冷却用水。

人工湿地

节水的秘诀——用水设施的使用与维护

（1）在维修或后继的项目整改中，运用新型的管道材料，如铝塑复合管、钢塑复合管、不锈钢管等代替易损坏的铸铁水管及镀锌钢管产品。

（2）确保大楼水龙头能延续采用机械延时及感应等节水用具。

（3）对水景景观采取节水措施，如限时开放喷泉，利用中水、雨水等措施，并加强水质处理、减少清洗或用生活用水灌注水池的频次。

（4）在日常的管道设施等维护过程中对输水管道、阀门及各类附件进行监测和定期检查，及时发现问题并进行维修、保养，尽量减少跑、冒、滴、漏等现象。

（5）如给水配件出现超压出流现象，可对给水系统进行合理分区，或采用水箱、减压阀、减压孔板、节流塞等措施进行改造。

（6）设法减少集中热水供应系统在设备开启后，因水温不足而排弃的冷水（特别是专家公寓或各楼层淋浴间），如设置回流装置等合理的水循环方式。

垃圾处理——集中收集和分类处理

在垃圾处理方面，大楼的管理处也有很多独到的经验，大楼的垃圾进行了集中收集和分类处理。

同时管理处还对从事垃圾处理的作业人员进行劳动安全保护专业培训；为作业人员配备有必要的劳动防护用品，制订防尘、防毒、防辐射等防止职业危害的措施，保障工作人员的长期职业健康，体现对人们健康的关心。

02 日常资源整合高效管理

我们有一个好管家——有序高效的行政管理模式

建科大楼功能多样，在管理上也呈现出"大杂烩"的特点。运维管理者们通过引进各领域内的专业团队从事基础保障工作。物业管理、绿化、事务助理、用餐、文印、用车等均采用服务外包的模式。在降低成本的情况下，实现了精细分工的目的。

我是车辆调度员——建科院的用车管理

1. 提前申请和按需配置

目前，我们主要通过OA系统对车辆的使用申请进行统一管理。每一位需要用车的同事都会提前一天在OA系统上填写用车申请，注明用车的具体时间、目的地和车辆要求。这样，负责派车的同事将能够清楚地了解每一位同事的用车需求，从而会根据用车人的用车时间、目的地以及现有车辆的状况（包括车型、座位数等），安排合适的车辆。

OA申请

2. 合理出行和私车公用

通过OA系统提前申请用车不仅便于我们的同事合理安排用车时间，也使我们现有的车辆资源得到更高效和适当的配置。但是，由于公司业务的增长，我们现有的车辆资源十分紧张。因此在日常派车当中，我们会通过适当"拼车"以及合理调整用车时间，来确保车辆的高效使用。例如，去往同一方向的同事，可以进行"拼车"，这样不仅能够提高车辆的使用效率，也能够降低车辆的能耗，减少碳排放。此外，为进一步整合现有的资源，我们还鼓励同事"私车公用"，以缓解现有车辆资源的紧张状况。

3. 费用分摊和用车提醒

通过合理调配车辆，提高了我们现有车辆的使用效率，2011年7月我们现有七辆车的用车次数达到256次，平均每辆车的月度使用次数为36.5次，平均每辆车的月度使用时间为244小时。为了合理控制车辆的使用，对于车辆的使用产生的费用，我们目前会分摊到公司的具体业务中心和项目当中，以便于各业务中心对车辆的使用进行监督，确保车辆能够合理地使用，避免过度的用车带来能源消耗和环境污染。而在每天下班前，派车的同事都会给司机和用车同事发送车辆安排的短信息，让申请用车的同事和司机在下班之前能够收到第二天的用车通知。

哪里有需要，哪里就有我们——1861服务平台

行政管理部一直在努力搭建一个面向全体同事的高效服务平台，这就是我们的1861服务平台。1861服务平台坚持"资源整合、高效服务"的建设理念，从整合行政资源着手，致力于形成面向全体员工的高效服务平台。1861服务平台的搭建不仅可以有效地整合行政资源，同时也能够为我们的同事提供统一、高效、快捷的行政服务。与行政服务相关的资源、信息，我们的同事只需要拨打1861就可以获得妥善的解决。在建科大楼的绿色运维过程当中，1861服务平台扮演着行政资源的整合者、信息沟通者和服务提供者的角色。

1861整合的资源：车辆、会议室、专家公寓、员工宿舍、文具、餐厅、机票、邮件、文具、物业管理；

1861提供的服务：车辆使用、会议室安排、专家公寓使用、新员工住宿、物品邮寄、机票订购、文具申领、物业问题、餐厅用餐。

1861服务平台一小时工作记录	
事项	处理
1. 接到同事反映办公区空调问题	联系建科大楼物业管理处理
2. 收到同事OA申请第二天用车	根据申请情况进行安排
3. 同事申领文具	发放文具，领用签收
4. 会议室申请	OA系统分配
5. 接到当天临时紧急用车	与司机和用车人确认，调整和安排车辆

餐厅

03 绿色行为引导

食堂的健康饮食法则——每周一的素食主义

绿色低碳从我们的日常生活方式开始,"食"是我们绿色低碳生活的重要体现。素食不仅有利于我们的身体健康,也有利于节能减排。低碳生活从改变我们过度食肉的饮食习惯开始,这不仅能够控制肉食生产所需要的大量能源消耗和废气排放,也有助于形成健康的膳食结构。

因此,今年行政管理部门向全体同事发出了每周一次践行素食主义的倡导。在每个周一的中午,十二层的员工食堂都会准备好丰盛的素食佳肴。从绿色蔬菜到粗粮主食,少了油炸荤菜,多了绿色低碳的膳食方式。

员工食堂每周一中午只提供素食餐饮,虽然刚开始有些同事会不太习惯,但是,我们的同事一直在自觉地参与每周一的素食行动。在清淡的素食餐饮中,我们获得的不仅是健康生活的快乐,也是在践行绿色低碳生活的责任和承诺。

按照每顿每人减少肉食量0.1kg计算,每周一合计可以减少碳排放42kg。

登山

300张电影票和"登山道"的故事

很多办公族们都有一种"健康行动",就是爬楼梯上下班,也许10层、也许15层,常为自己能坚持此项运动而有小小的窃喜。但普通的办公楼,楼梯间往往放置在核心筒的位置,空气最为污浊。在这样的环境中爬楼梯,不仅对增强心肺功能无效,可能适得其反。建科大楼的楼梯处在西北角,与室外连通,清风、柔光、细雨,能和大自然亲密接触,被大家称为"登山道"。

刚搬来建科大楼之初,习惯了乘坐电梯的同事,哪怕一层楼也不愿意走。为了鼓励大家积极参与走楼梯活动,行政管理部特举行了走楼梯集印花换奖品的活动。在每个公共楼层设有印花置放处,且活动不设监督,大家积极参与并自觉遵守活动规则。

第一个月就发了300张电影票(奖品之一),连续三个多月后,兑奖的人少了,但走楼梯的人却渐渐多起来。习惯就这样慢慢养成了。

> **小贴士:**
> 爬楼梯运动有助保持骨关节灵活,增强韧带和肌肉力量,防止出现退行性变化。增强心、肺功能,使血液循环畅通,保持心血管系统的健康,防止高血压病的发生。消耗热量多,对于肥胖的形成起到良好的阻碍作用;增强消化系统功能,增强人的食欲。使人体的神经系统处于最佳的休息状态,有利于睡眠和避免焦虑现象的出现,同时还是治疗神经衰弱的最为有效的辅助手段之一。

第三节　环境管理

　　建科大楼的建筑本体属于简约式风格，原始的灰白颜色，没有太多的装饰，因此视觉环境管理的色彩选择第一考虑是利用自然的绿色植物作为点缀。两年来，绿色的爬藤植物已逐步长成，在白的或灰的墙壁、屋顶上画出一幅幅写意画，凭借夏热冬暖地区气候特点，张扬着勃勃生机，赏心悦目。翠绿的马缨丹从七层的平台上垂下，成为一道绿色的瀑布，春末夏初还会有紫色小花如繁星点缀，当徐徐微风吹过时，就会摇曳起舞，美不胜收。

　　因为植物较多且水景较多，大楼的蚊子也不少。在六层空中花园的室外会议平台开会，经常会有蚊子跟您亲密接触，来个深吻以示欢迎和亲热。经过多种手段的防治，依然无效。大楼的管理者们甚至有"黔驴技穷"的感觉。一个偶然的机会得知鱼以昆虫的幼虫为食，霎时有了茅塞顿开的感觉。试着养了一些小鱼，果然，蚊子的侵扰减少多了。如今在六层平台开party再也不用担心蚊虫的攻击了。

建科大楼绿色掠影

建科大楼全景

十二层公共使用楼层　　　　　　　　　　　　　　　个性装饰

　　大楼的公共使用楼层，也是信息的汇集点。人气最旺的十二层，大平台上设置了信息分享栏、感恩栏、工会天地、共产党员墙等。就说小小的感恩栏，作用可不小，它让含蓄内敛的我们有了情感释放之地。如果受到其他同事的帮助，都可以在这里写下感激的话语。短短的一句话让建科人的感恩知心得以彰显。信息栏里放着最新的建科院信息。新婚的同事派喜糖是IBR的传统之一，而这些象征美好和幸福的喜庆糖盒都会粘贴在工会园地上，茶余饭后，大家可以轻松地聊一聊关于家庭、关于另一半的轻松话题。而公共楼层的楼梯间，也成了各个俱乐部招兵买马的广告发布地。特别每年应届毕业生"小蝌蚪"入职的时候，场面更是火爆。不由让人想起大学校园中各个文学社争先恐后扩大队伍的盛况。

　　"我的空间我做主"活动在大楼建成一年后推出。活动的基本要求是："空间干净、促进自我高效工作；不得影响他人"。IBR的同事们踊跃参与，把自己的办公空间打造成一个个干净舒适的小天地。

　　其他关于环境的管理，我们参照中医的养生之道，与大家细细道来。

01 大楼也需要养生 —— 医护式的环境管理

据检测,大楼所在梅林片区域的空气质量为每立方米4万亿个灰尘粒子,而在福田中心区空气中每立方米8万亿个灰尘粒子,大大优良于市中心。而正是有这样良好的基础,加上建科大楼优良的环境管理方式,让员工能够在清洁健康的环境中工作和生活。

养生是以传统中医理论为指导,遵循阴阳五行生化收藏之变化规律,对人体进行科学调养,保持生命健康活力。而建科大楼的环境管理就创造性地引入了养生理论,以科学技术理论为指导,以模拟技术验证为基础,对大楼内的声、光、热、风、气环境进行综合统筹管理,为员工营造良好和舒适的工作环境,在消除所有可能的环境隐患的同时,也尽量让员工能够与附近的大自然环境、人工营造的环境相融合。

体检:空气质量监测

大楼通过每层装设的CO_2浓度传感器,温湿度传感器,可实时监测大楼的空气品质。同时,每天上、下午研究人员都会面对大楼全体员工发出问卷调查,让员工对大楼的热、湿、噪声、亮度、空气清新度等几大各方面进行评判,了解每日每楼层的空气质量情况,对空气质量有全面的掌握和监控。

诊断:空气质量检测

除了利用二氧化碳浓度传感器,温湿度传感器进行实时监测外,科研人员每隔一段时间就会对办公区域的空气质量进行抽检,除常规检测要素之外,还重点关注空气中甲醛、TVOC、苯、氡气等污染物的含量,以便掌握办公区域空气质量状况,从而进行有针对性的治理。

调理:绿化植物布置、遮光和遮阳

大楼的每一层办公区域,行政管理部布置了大量的小型盆栽绿色植物,调节白天办公人员多情况下的空气质量。不仅如此,绿色盆栽还舒缓了员工疲惫的视神经,减少了CO_2带来的疲乏状态,温暖了工作时的心情,调剂了工作状态,使员工能够更高效地完成工作。

同时,每层办公楼的窗户设计了多种方式,一种是窗帘遮阳,员工可以根据阳光的强度,以窗帘来遮挡强光;一种是中空玻璃加百叶窗帘的内遮阳,如果觉得太阳猛烈,可以拉上百叶遮挡阳光。

建科大楼春季

02 建科四季——不同季节下的环境模式

春天：春暖花开，百花争艳

在春暖花开的季节，建科大楼也不例外，从一层至十二层的绿色植物在这个季节都苏醒了过来，萌发新芽，开放艳丽的花朵。行政管理部也会在这个季节对花进行养护施肥，通过铺设的滴灌给植物们静静地浇灌养分。

这些植物在大楼里能够接受大自然的阳光、雨露，在后勤人员的精心照料下，经过两年的生长期，枝繁叶茂，郁郁葱葱，花儿精神抖擞，叶儿油绿闪亮，藤儿肆意攀爬。是植物装点了建科大楼绿色的梦，还是建科大楼承载了植物们绿色的梦？它们互为这个喧嚣闹市的一道风景。

建科大楼夏季

夏天：夏日骄阳，一抹清凉

位于亚热带气候带的深圳，夏季漫长而炎热，只要有微风的日子，大楼会开启门窗，尽量保持自然通风，每个来大楼的人都会不由自主地叹道："真舒服的风啊！"。而这一切都来自于建筑师当初精心的设计。大楼作为一个利用自然通风的典范，加上岭南地区常用的遮阳手段，身处大楼，首先便能够感受到夏日的一抹清凉。

当7、8、9月的猛烈阳光到来的时候，大楼也会开启空调来营造舒适的办公环境。办公区域会关闭门窗，员工自觉随手关门窗、后勤人员不时检查以保证空调的良好运行，减少冷气外泄造成的能源浪费。

在一层的景观水池，在空调开启的日子，开启的喷泉不仅起到冷却空调水的作用，还增加了空气的湿度，降低大气温度。六层的水景不仅可以养鱼，在必要的时候，也可以喷水雾给植物们增湿。

夏季是蚊虫滋生的季节，大楼因为生态环境较好，蚊虫也较多，后勤部门定期的消杀工作，也让员工避免了叮咬之苦。

秋天：色彩丰富，秋之余韵

建科大楼的秋天，是一个宜人的季节，夏日的炎热褪去。大楼又可以像春天一样，开启门窗通风，让秋季略带凉意的自然风自由地穿过办公区域，员工的心情也在这个自然的环境中，不再有夏日的躁动，能够理性而智慧地工作了。

秋天，生长和盛开了一季的植物们，也开始蜕去夏日阳光炙烤过的装束，开始凋零，后勤部门的植物管家们，又开始修剪枝条，清理枯枝落叶，为植物们储存来年的养分。

冬天：冬日暖阳，乍寒还暖

冬天的大楼虽然比市区气温会低一两度，但各楼层的加强了防护措施，各楼层的防火卷帘闭上，把寒风挡在大楼外，门窗关闭以便保温。也给前台等室外工作的行政人员配置了羽绒服、大衣来抵御寒冷。

冬天那些分布于一层、六层、七层、十二层以及西立面各楼层花槽中常绿的植物依然点缀着建科大楼的冬日。冬天到了，春天还会远吗？

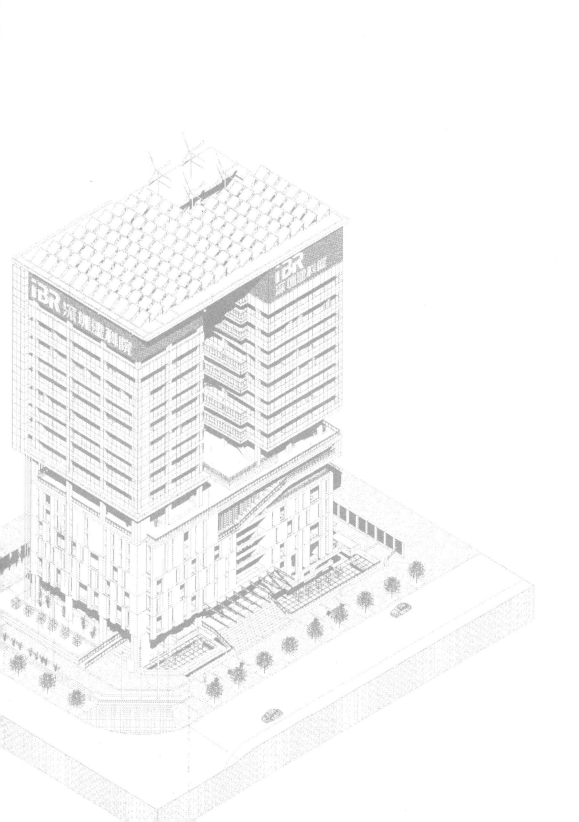

探析 | 绿色印证

建科大楼承载着建科人实践绿色生活、绿色办公方式的梦想，也是建科人独立开展绿色运维和绿色物业管理的试验平台。投入运行两年多来，取得了理想的成果。实际运行数据表明：建科大楼与深圳同类建筑相比，年运行电耗降低40%以上，水耗降低50%，员工对室内环境满意度达95%。

建科大楼被证明是实现建筑全寿命周期内最大限度节约和高效利用资源、保护环境的绿色建筑典范，这归功于设计阶段因地制宜地采用各项适宜技术以及运行阶段充分运用监测和控制手段。

第一节　绿之初印证——节约效果

01　节能 —— 开源节流和末端控制的组合拳

深圳是一个能源极度匮乏的城市，已成为继北京、上海、苏州以后的第四个电力负荷峰值超过千万千瓦的城市，而通过建筑节能实现省电减负是绿色建筑的一个重要内涵。

建科大楼舒适的室内办公环境

光电幕墙和屋顶太阳能光伏系统

回顾：开源节流的节能技术措施

1. 光伏发电

建科大楼光伏发电系统总容量为80kwp，采用三种不同的方式，在四个不同的区域安装了五种不同的光伏组件。3→4→5建科大楼发电系统摒弃了传统的储能设备，采用非逆流并网模式，接入大楼内部电网，供大楼内网使用。

2. 建筑遮阳

建科大楼遮阳系统采取窗户自遮阳、遮阳反光板、功能遮阳、光电幕墙遮阳、屋顶花架及格栅遮阳等复合的遮阳形式。

窗户自遮阳及节能玻璃。外窗均采用遮阳系数0.40以下的中空Low-E玻璃铝合金窗。

功能遮阳。大楼功能布局设计将楼梯间、电梯、卫生间等非主要房间放在大楼西部，尽可能地为大楼的办公区等主要空间构成天然的"功能遮阳"。

光电遮阳。针对夏季太阳西晒强烈的特点，在大楼的西立面设置了光电幕墙，既可发电，又可作为遮阳设施减少西晒辐射的热量，提高西面房间热舒适度；同时设置了光电板遮阳构件，在遮阳的同时还可以发电。

绿化格栅遮阳。大楼每层均种植了攀岩植物进行垂直绿化，既具景观效果，又有遮阳隔热作用。

3. 屋顶隔热

屋顶采用传热系数低于0.8W/（m²·K）的30mm厚XPS倒置式隔热构造，同时屋面设置为免浇水屋顶花园，上方设有太阳能花架遮阳，发电同时还具有遮阳隔热的作用。

4. 保温墙体

在外墙的保温方面，采用自主研发的自保温复合墙体，同时主体部分采用创新的外挂式挤塑水泥纤维板+内保温技术。

5. 自然通风

建科大楼充分利用深圳亚热带海洋性气候，以及优越的风资源，通过优化建筑布局、朝向、开窗形式、内部平面及割断设计、阳台设计等，最大限度利用自然通风实现室内舒适性和节能目的。

6. 自然采光

建科大楼设计阶段利用数字模拟技术优化建筑布局、外窗形式、遮阳设计以及采光井和光导管应用等措施，实现室内及地下室的自然采光。除了前面提到的建筑平面采用"吕"字形布局，使建筑进深控制在合适的尺度，提高室内可利用自然采光区域比例之外，大楼还利用立面窗户形式设计、反光遮阳板、光导管和天井等措施增强自然采光效果。

印证：节能节电效果

根据实际运行中的监测数据，建科大楼全年总用电比深圳同类办公建筑节约40%以上，其中照明办公用电节省约75%，空调用电节省约40%。

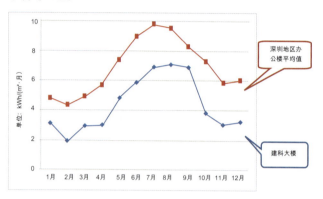

小贴士：
由于建筑规模大小不一，为便于横向比较，采用"单位建筑面积用电量"，即将建筑总用电量分摊到单位建筑面积，用于评价建筑能耗的高低。

小贴士：
为积累基础数据以研究各种节能技术的实际节能效果，建科大楼自运行以来开发了环境和能耗监测系统，实现了对大楼环境和各种用能系统的监测。其中，用电方面，实现对大楼总用电、空调（各种形式）用电、照明用电、插座用电、实验室设备用电、电梯用电、生活水泵和中水泵用电等各用能系统用电进行了实时用电监测，共设有197个用电监测点。

建科大楼全年单位建筑面积用电量为52.9kWh/(m^2·a)，这相当于同地区政府类办公建筑的60%，商业写字楼的55%。其中逐月电耗为深圳地区办公建筑平均电耗的40%~70%。

建科大楼环境和能耗监测系统界面

（注：数据来源
1.建科大楼数据来源于建科大楼环境和能耗监测系统。
2.对比建筑数据来源于建科院2008年对深圳市120多栋政府办公建筑和商业办公建筑的能源审计）

1. 照明办公

建科大楼逐月照明办公用电为 0.8~1.2kWh/（m²·月），平均为 1.0kWh/（m²·月），是典型办公建筑照明插座用电的18%~27%。

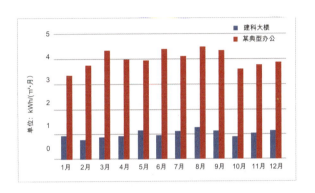

全年照明办公用电方面，建科大楼全年照明办公用电为典型办公建筑照明办公年电耗的25%。

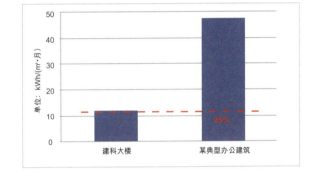

建科大楼的照明办公用电如此大幅地降低，这要归功于建科大楼办公区域在白天充分利用了自然采光，极大减少了室内人工照明的时间。从记录建科大楼室内照明用电监测情况（典型日）的图中可以看出，建科大楼白天上午时段几乎不需要开灯，下午15时左右起才开启人工照明。

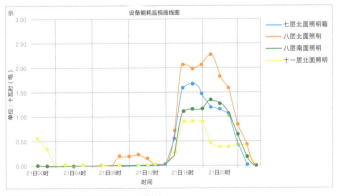

建科大楼室内照明用电监测情况（典型日）

晴天时室内自然采光效果

雨天时室内自然采光效果

2. 空调用电

建科大楼全年空调用电是典型办公建筑的40%，比某典型办公建筑空调能耗低60%，这是因为建科大楼减少空调运行时间将近3个月。

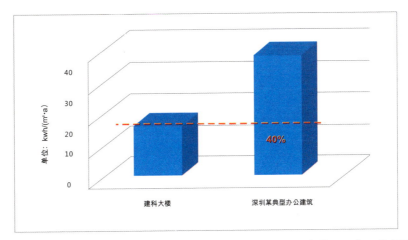

建科大楼集实验室、办公区、报告厅、餐厅、活动室、专家公寓等于一体，考虑到功能和使用时间上有较大差异，空调系统采用集中与分散相结合的原则，做到控制开启灵活、高效节能。大楼根据各功能区使用特点，采用了多种空调系统形式。从下图可以看到，某典型办公建筑，2、3月偶尔开启空调，4月中旬起全面开启；而建科大楼除7、8、9月份全面开启空调系统外，5、6和10月份根据室外温度偶尔开启。

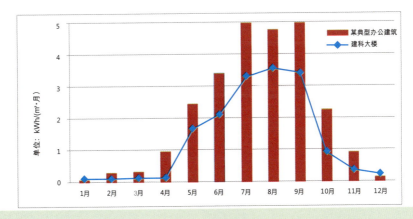

小贴士：

深圳属亚热带海洋性气候，长夏短冬，气候温和，年平均气温为22.5℃，最高气温为38.7℃，年平均风速为2.7m/s，自然通风条件优越。理论研究表明深圳市的自然通风对于建筑节能的贡献很大，即使在最热月，深圳市也有1/3的时间可以利用自然通风解决热舒适问题，而不需要开启空调。建科大楼通过优化建筑布局、朝向、开窗形式、内部平面及割断设计、阳台设计等，最大限度利用自然通风满足室内热舒适和节能要求。

02 节水 —— 让每一滴水发挥最大的作用

深圳是全国严重缺水的城市之一，人均水资源拥有量仅为全国平均水平的1/12和广东省的1/11。面对缺水困境，深圳市委市政府把节水提升到城市可持续发展的战略高度，建科大楼对此进行了积极响应。

回顾：节水措施

建科大楼运用了多样化的节水措施，除节水器具和节水灌溉外，还采用了中水回用及雨水利用技术，可再生水的充分利用使建科大楼用水量大大减少。

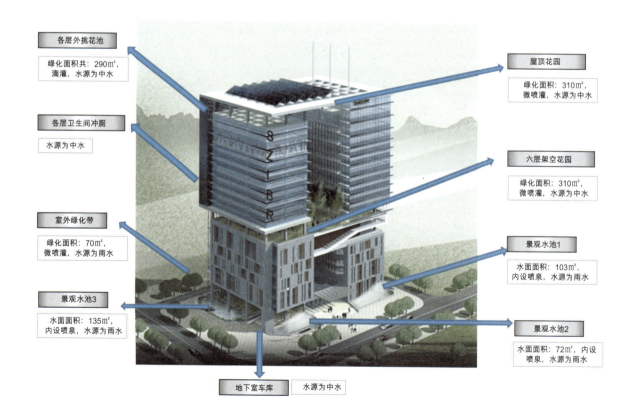

各层外挑花池：绿化面积共：290㎡，滴灌，水源为中水

各层卫生间冲厕：水源为中水

室外绿化带：绿化面积：70㎡，微喷灌，水源为雨水

景观水池3：水面面积：135㎡，内设喷泉，水源为雨水

屋顶花园：绿化面积：310㎡，微喷灌，水源为中水

六层架空花园：绿化面积：310㎡，微喷灌，水源为中水

景观水池1：水面面积：103㎡，内设喷泉，水源为雨水

景观水池2：水面面积：72㎡，内设喷泉，水源为雨水

地下室车库：水源为中水

1. 中水回用

建科大楼中水主要用于卫生间冲厕、道路冲洗及绿化浇洒和水景补水等方面。结合环艺设置中水人工湿地处理系统,建科大楼采用湿地预处理+湿地处理的生态中水处理工艺,大楼南侧设置185m²垂直流人工湿地,其设计处理能力55m³/d,每日可提供中水量50m³/d,非传统水源利用率43.52%。

> 小贴士:
>
> 中水也叫再生水或回收水,是经过处理的污水回收再用。因为城市建设中将供水称为"上水",将污水排放称为"下水",所以中水是取两者之间的意思。

2. 雨水回收

深圳市降雨丰沛,多年平均降雨量为34.22亿m³,多年平均地表径流量为18.27亿m³。因此,雨水的合理利用必将有巨大的社会效益和经济效益。雨水利用就是通过工程技术措施收集、储存并利用雨水,同时通过雨水的渗透、回灌、补充地下水及地面水源,维持并改善水循环系统。

建科大楼屋面雨水收集系统与种植屋面相结合,不设常规雨水利用的弃流装置,利用屋面花池过滤雨水,以节省投资,提高雨水回收率。同时屋面雨水收集系统与地面雨水收集系统相结合。屋面溢流的雨水以及未经花池处理的雨水都直接排放到环楼车道上。这些水经地下的碎石、石屑和软式透水管过滤后汇至蓄水池,达到雨水利用的目的。对使用不完的雨水,暂存在碎石层中并缓慢向地下回渗,涵养地下水。在特大暴雨时,雨水经蓄水池溢流至市政雨水管网,实现了雨水的环保排放。

印证：节水效果

根据实际运行的监测数据，建科大楼全年用水50%以上来自中水。实际运行过程中非传统水利用率达52%，远高于国家《绿色建筑评价标准》中最高标准要求的40%非传统水利用率。

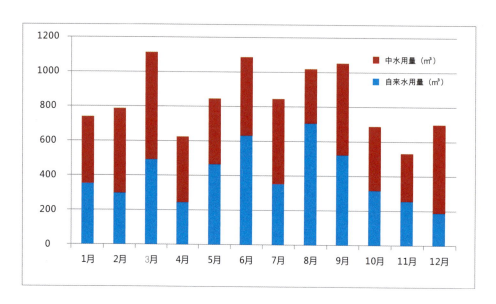

办公楼生活用水评价

项目	平均日用水定额（L/人·班）	生活用水量所占比例	生活用水量（L/人·班）	冲厕用水量所占比例	冲厕用水量（L/人·班）
《民用建筑节水设计标准》（GB 50555—2010）	25~40	40~34%	8.5~16	60~66%	16.5~24
建科大楼	31	29%	8.8	71%	22.2

建科大楼平均人均日用水量为31（L/人·班），低于《民用建筑节水设计标准》（GB 50555—2010）最高限额；从用水分项来看，建科大楼生活用水8.8（L/人·班），比标准中的最低值略高；大楼冲厕用水（中水）比例达71%，但实际冲厕用水量为22.2（L/人·班），低于标准限值。

（注：由于建科大楼经常有市民前来参观及举办各种会议等，这些活动不可避免地增加了大楼的用水量，而目前建科大楼的用水量指标中并未考虑这部分人的用水量，根据办公人数计算，因此实际用水指标应低于上述分析值）

03 节地 —— 房间的华丽变身

回顾：节地技术措施

建科大楼在节地的设计上也有独到的原则，在有限的用地上秉持立体化、多功能、多适应性的原则。

（1）建筑功能方面注重复合功能设计。在层高、水电等设备准备、结构荷载等方面充分考虑未来可能的需求，增强空间的适应性，提高利用效率，在有限的面积中实现更多的功能。

（2）充分利用地下空间。建设有两层综合功能地下室，平时用于设备机房、停车库，同时结合空间的自然采光、自然通风设计和下沉庭院、水池空间的营造，满足作为特殊实验室、仓储等功能的需求。

（3）首层架空，共享场域。大楼的首层空间设计为架空活动交流空间，可兼作接待展示大厅，配合临近的人工湿地实现立体展览空间的功能需求。报告厅可用移动墙体设计，实现学术报告、交流座谈、文艺演出、影视放映、培训学习等多种功能对空间的需要。

（4）绿化平台灵活布置。在六层的绿化交流平台设置网络、水电接口，实现空中实验场地的灵活布置，为未来可能的功能需求留下足够的灵活适应可能，增强建筑适应未可知功能需求的能力，延长建筑使用寿命。

灵活可变的空间设施

印证：节地效果

1. 设施共享

建科大楼中有大量的公共空间，因采用灵活的空间隔断方式，使得各空间的功能可按照使用需求灵活调节，提高利用效率。比如架空花园可以作为开放式会议室，各层交流平台甚至楼梯间可作健身场地，健身房可作宴会餐厅，会议室可灵活设置大小，多功能厅可作培训室等。

2. 地下空间

建科大楼地上12层建筑面积共13886.19㎡，地下2层建筑面积共4283.57m²，地下面积占建筑总面积的23.5%，地下面积是建设用地面积的1.43倍。除利用地下空间作设备房和车库外，还因地制宜利用地下空间作为实验室，降低实验室环境控制难度，减少环境控制能耗。

地下空间及其环境质量

04 节材 —— 把低碳行动进行到底

回顾：节材技术措施

1. 节材设计

建科大楼遵循节材设计理念，结构设计采用高强度混凝土和钢筋，节约材料用量。同时进行土建装修一体化设计施工，所有应用材料均以满足功能需要为目的，将不必要的装饰性材料消耗减到最低，充分发挥各种材料自身的装饰和功能效果。

2. 材料循环利用

建筑使用可再循环材料，对建筑主体中所使用的原始材料、可循环利用材料进行分类列表统计，回收利用废弃物。

不同楼层废纸二次回收利用收集箱放置点

印证：节材效果

1. 循环材料占比10%以上

经测算，建科大楼的可再循环材料使用重量占所用建筑材料总重量的10%以上。同时由于办公空间取消传统的吊顶设计，采用暴露式顶部处理，地面采用磨光水泥地面，设备管线水平、垂直布置均暴露安装，减少维护用材，方便更换检修，避免二次破坏的材料浪费。

建科大楼在固体废弃物的管理方面，遵照"分类收集、集中保管、统一处理"的原则。主要废弃物包括生产废弃物（包装纸、废化学品及容器等）和生活废弃物（无用电器、废纸类等），收集后交由国家认可的、有资格的废物处理公司处理，并每年核查一次环境情况。

2. 废纸二次回收

针对打印机使用频繁、打印纸张消耗大的特点，我们倡导和推行"废纸二次回收利用"等节约措施，在大楼主要办公区域的显著位置安放废纸回收箱，回收已单面打印的纸张作二次利用，行政管理部安排相关人员，定期收集各办公区的再利用废纸，放置在各楼层文印室打印机的二号、四号纸盘内，其中二号纸盘为A4纸张，四号纸盘为A3纸张，这些纸张在作单面打印时可以二次利用，综合统计年节省纸张3万余张。

不同楼层文印室打印机纸盘指示

3. 无纸化办公

传统的纸面办公不仅大量消耗纸张，而且常因送达耽误时间。建科大楼投入使用后，建科人利用现代化的网络技术，在OA系统的协同办公平台上进行各种业务以及事务处理，在提升办公效率的同时，达到节约纸张、节能环保的目的。

经初步测算，年节省纸张可达到2万张。

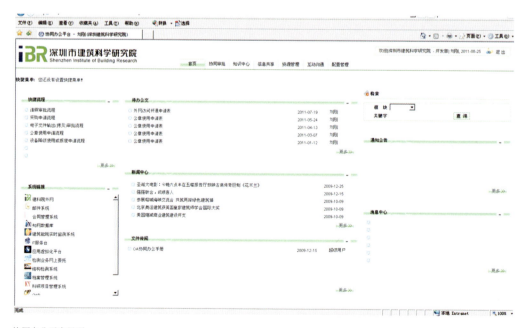

协同办公平台界面

第二节 绿之再印证——环境效果

除了资源节约外，绿色运维第二个重要印证就是对大楼工作生活环境的有效管理和提升。

据统计，大多数人每天80%以上的时间是在建筑中度过的，建筑中的声、光、热湿、空气品质、绿化等环境质量会直接影响使用者的心理、身体健康。

在运维阶段，建科大楼从多个方面采用各种技术措施，以保证建科大楼的绿色设计理念能够得到落实，环境质量能够达到健康水平。同时，采用测试数据、问卷调研、现场照片、案例对比等形式，对声环境、光环境、热湿环境、空气品质和绿化等环境管理效果进行了科学评价。

01 声环境 —— 倾听自然的声音

> **小贴士：**
> 人类生活在一个有声音的环境中，通过声音进行交谈、表达思想感情以及开展各种活动。

建筑声环境是建筑环境质量的重要指标之一，良好的声环境能够使人心情愉快，保证建筑使用者的健康、提高劳动生产率。相反，较差的声环境会使人感觉烦躁，甚至损坏人们的听力、神经、心血管系统等。

回顾：声环境控制技术措施

为减少室内外噪声对办公区域的影响，建科大楼在使用过程中采用了以下噪声控制措施。

（1）采用双层玻璃外窗。在受室外噪声影响较大的房间采用LOW-E中空玻璃，在隔热的同时起到减弱噪声的作用。

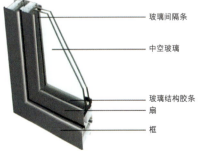

LOW-E中空玻璃能有效降低建科大楼室外噪声

实验室、会议室采用玻璃隔声

报告厅、会议室采用吸声墙面

办公区域铺设纤维吸声地毯

（2）建筑构件隔声。内隔墙采用满足隔声要求的复合材料或中空玻璃，楼板地面、墙面采用吸声隔振构件，部分通过架空地板降低噪声等。

小贴士：

吸声材料——吸声材料是利用声波损耗原理降低环境噪声的建筑材料。吸声是声波撞击到材料表面后能量损失的现象，吸声可以降低室内声压级。当声波入射到多孔材料上，声波能顺着微孔进入材料的内部，引起空隙中空气的振动。由于空气的黏滞阻力、空气与孔壁的摩擦和热传导作用等，使相当一部分声能转化为热能而被损耗，从而起到吸声的效果。

小贴士：

声音掩蔽效应——人耳对一个声音的听觉灵敏度因另外一个声音的存在而降低的现象。当一个声音高于另一个声音10dB，声压级小的声音较难被感知。低频声对高频声的掩蔽作用大。

英国谢菲尔德火车站站前广场的隔声水幕喷泉

（3）建筑首层开启的喷泉，用长流的水声起到掩蔽效应，缓解近地面交通等噪声对低层功能空间的间歇性影响。

长流的水声缓解近地面交通噪声

室外绿化能够有效降噪

（4）室外绿化吸声。建科大楼中，每个楼层大量的室外绿化能够有效地吸收室外噪声，降低环境噪声水平。

印证：声环境效果

大楼建成投入使用后，对大楼运营阶段的声环境状况进行了实地测试研究。测试时间选择在正常的工作日14：00～18：00，测试结果分析如下：

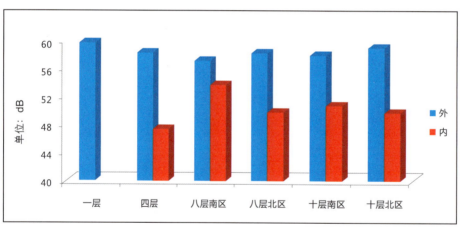

不同楼层室内外噪声对比状况

室内外噪声差别

编号	楼层	室外噪声（dB）	室内噪声（dB）	室内外噪声差别（dB）
1	四层	58.4	47.3	11.1
2	八层南区	57.2	53.8	3.4
3	八层北区	58.3	49.9	8.4
4	十层南区	57.9	50.8	7.1
5	十层北区	59.1	49.8	9.3

从上页柱状图可以看出，建科大楼的室外噪声比室内噪声普遍要高，从上页表可以看出，在测试的主要办公区域，室内外噪声差别分别在4～11dB之间。这说明建科大楼外窗能够有效遮挡室外噪声，减弱进入室内噪声的强度。所有测点室内噪声均低于60dB，达到国家标准《声环境质量标准》（GB 3096－2008）中办公区域环境噪声标准要求，建科大楼的声环境状况为良好。

> **小贴士：**
>
> 　　人耳刚刚能听到的声音是0～10dB。分贝值每上升10，表示音量增加10倍，即从1到20dB表示音量增加了100倍。
> 　　人低声耳语约为30dB，大声说话为60～70dB。分贝值在60以下为无害区，60～110为过渡区，110以上是有害区。汽车噪声为80～100dB，电视机伴音可达85dB，人们长期生活在85～90dB的噪声环境中，就会得"噪声病"。

02 光环境 —— 阳光遍洒处处

回顾：光环境控制技术措施

（1）建筑外窗的合适位置设置了遮阳反光板，在适度降低临窗过高照度的同时，将多余的日光通过反光板和浅色顶棚反射向纵深区域。

遮阳反光板及反光原理

公共区域采光、照明情况

（2）内部走廊、电梯间等公共区域采用素雅色彩装饰，避免眩光造成的光污染。

（3）公共区域最大限度利用自然采光，一方面能节省照明用电，另一方面柔和的自然光使人感觉更舒适、愉悦。

柔和的自然光线使人感觉更加舒适、愉悦

小贴士：

光是建筑空间得以呈现、空间活动得以进行的必要条件之一。尽管目前人工光已经普遍应用于建筑室内照明，但是自然光仍然具有人工照明无法替代的优势：①人眼在自然环境中辨认能力强，舒适度好，不易引起视觉疲劳，有利于视觉健康；②通过自然采光的亮度强弱变化、光影的移动，在室内生活的人们可以感知昼夜的更替和四季的循环，有利于心理健康等。

（4）在地下车库、地下实验区域采用光导管，将室外光线引入地下空间，在满足室内照明的同时减少照明电耗。

光导管采光

阴雨天气下不同办公区域照明分区控制

（5）针对靠窗位置天然光线照度高，距其越远照度越低，使得室内照度不均匀，局部地区甚至达不到工作面采光要求的现象，在离外窗较远处增设局部人工照明，减少大面积灯具开启时间。

加班时间开灯情况

（6）规范使用者行为，提高节能意识，做到人走关灯。加班时，只开启所在位置上方的灯具。对下班不关闭灯具或只有少数人加班却大量开启办公区域灯具的现象予以通报，以杜绝浪费。

（7）做好照明系统的清洁与维护，检查工作运行是否正常，随坏随修，保证灯具正常使用，完好率达99%以上。每周对声、光感应控制器进行排查，及时维修和更换。每月清洁室内外所有灯具不少于一次，保证透光面清洁。每季对室内外照明系统线路检修一遍，对老化线路进行更换，照明设施、线路完好率达95%以上。

印证：光环境效果

1. 不同区域自然采光照度分析

大楼不同区域自然采光照度情况

编号	地点	自然采光照度（lx）
1	十二层员工活动室	283
2	十二层厨房	186
3	十一层专家公寓A室	328.5
4	十一层北区办公区	170.5
5	十层北区办公区	124
6	十层北区夹层	418.1
7	八层南区办公区	185.5
8	五层报告厅	173.1
9	四层实验室	151.9

上表为建科大楼自然采光条件下的照度值（此时室外照度值为31000lx）。根据《建筑采光设计标准》（GB/T 50033—2001）当中各类建筑的自然采光标准，其中有关办公建筑的自然采光标准值如下表所示。

办公建筑内不同功能房间的采光系数

采光等级	房间名称	侧面采光
1	室内天然光临界照度	（lx）
2	设计师、绘图室	150
3	办公室、视屏工作室、会议室	100
4	复印室、档案室	50
5	走道、楼梯间、卫生间	25

可以看出，大楼在自然采光的条件下，几乎所有的区域均能满足办公区域自然采光临界照度（100lx），证明建科大楼整体的自然采光良好，达到了设计要求。

2. 典型办公区域照度分析

下页图是典型办公区域采光测试时室内外采光状况，此时天气为晴天，在当天的主要工作时间段（8:30~17:00）办公区域内均采用自然采光来满足办公需求。

8:30 室外采光状况

8:30 室内采光状况

11:30 室外采光状况

11:30 室内采光状况

14:30 室外采光状况

14:30 室内采光状况

17:30 室外采光状况

17:30 室内采光状况

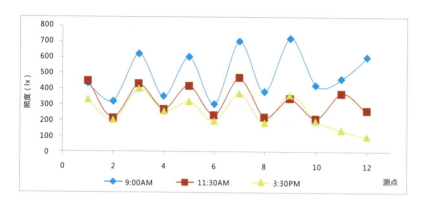

靠窗区域（距外窗4m内区域）白天（8：30~15：00）照度情况

  通过测试发现该天靠窗（距离外窗4m的范围内）的办公区域，一天当中（8:30~17:00）自然采光照度达到300lx以上的时间比例为64.9%，如上图所示。

典型的办公区域自然采光照度分布梯度

  从测试结果可以看出，在自然采光的情况下，典型办公区域照度均达到100lx，达到《建筑采光设计标准》GB/T 50033－2001所要求的最低采光标准值100lx的要求，此时室内不需要开灯即可满足办公照度要求。

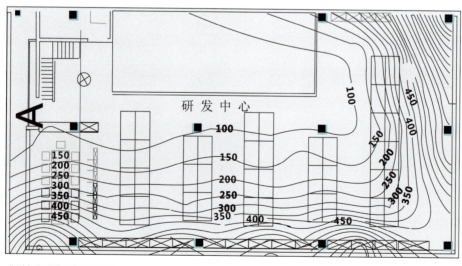

典型办公区域照度测试结果

03 热、湿环境 —— 给大楼披上生态的外衣

> **小贴士：**
> 热湿环境——建筑的热湿环境是建筑环境中最主要的内容，主要反映在空气环境的热湿特性中。建筑室内热湿环境形成的最主要原因是各种外扰和内扰的影响。外扰主要包括室外气候参数如室外空气温湿度、太阳辐射、风速、风向变化，以及邻室的空气温湿度，均可通过围护结构的传热、传湿、空气渗透，使热量和湿量进入到室内，对室内热湿环境产生影响。内扰主要包括室内设备、照明、人员等室内热湿源。

回顾：改善室内热湿环境技术措施

1. 建筑整体布局

建科大楼东侧布置为主要办公区域，由于深圳地区夏季盛行东南风，办公区域能够得到良好的通风效果，同时避免严重的西晒增温。建筑的西侧为光伏幕墙、楼梯间、电梯间、茶水间、复印室等区域，这些区域能够起到缓冲西晒增温的作用。

办公区域主要分布在建筑的东侧，可以有效地利用深圳市夏季盛行风向进行自然通风。

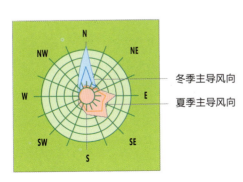

深圳市盛行风向

西侧幕墙及幕墙通风通道

位于西侧的茶水间

　　光伏幕墙设置在建筑的西侧，一方面，能够利用当地强烈的西晒效果提高光伏发电效率，另一方面，光伏幕墙能够阻挡室外热量进入室内造成室内温升。幕墙通风通道能够形成对流通风，进一步降低进入室内的热量。

位于西侧的楼梯间

　　楼梯间、电梯间、茶水间、复印室等区域分布在建筑的西侧，能够起到缓冲西晒增温的作用，从而改善室内的热湿环境。

2. 自然通风

自然通风可以保证建筑室内获得新鲜空气，带走多余的热量，又不需要消耗动力，节省能源，节省设备投资和运行费用，是一种经济有效的通风方法。

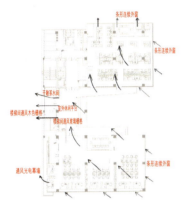
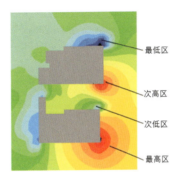
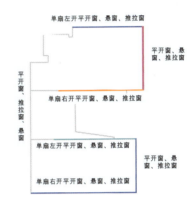

建科大楼室外风压分布及外窗形式

空气流通会在大楼外部形成不同的风压区，根据风向、风压等不同，建筑的不同朝向选择不同的开窗方式，以保证最佳自然通风效果。

通风需要不同立面采用不同的外窗形式

小贴士：

自然风是一种没有规律的紊乱气流，与恒定而单调的机械通风相比，自然风的湍动效应更符合人的生理要求，受到人们的青睐。国内、外的已有研究结果表明，对比自然通风与机械通风，绝大部分人喜欢自然通风环境，而选择机械通风环境人的比例在30%以下；更有80%以上的被调查者选择有点热但有自然风的环境，而不是有空调的凉爽环境，这就说明自然通风更适合人体的生理要求。

报告厅自然通风效果良好

报告厅设置可开启外墙，能最大限度地利用室外通风改善室内热湿环境（典型例子为2009年5月24日，在室外气温25℃、报告厅满座的情况下，完全靠自然通风满足热舒适要求）。

3. 遮阳

所有办公区域外窗均设有内、外遮阳，能够有效遮挡室外阳光进入室内，保持室内热湿环境良好。

建科大楼外遮阳

建科大楼内遮阳

4. 建筑隔热

建筑隔热是大楼改善室内热湿环境的重要措施，导热系数小的材料做成的隔热能起到不同程度的隔热作用。建科大楼一至四层的外墙使用的隔热材料是挤塑水泥外墙板，其优异的隔热能力能够隔绝室外热量进入室内，从而达到改善室内热环境的目的。

建筑一至四层外墙使用的挤塑水泥外墙板隔热材料

5. 空调系统

空调是在炎热季节维持室内热舒适度的重要人工手段，在建科大楼里，为了舒适和节能的目的，根据不同区域使用功能和使用时间上的差异，采取了不同的空调形式。

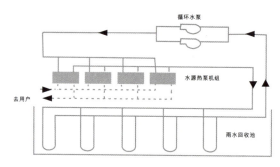

景观水冷却的水源热泵系统

办公区域与报告厅机械送风

6. 室内机械送新风

为满足室内空气的新鲜度，建科大楼采取了必要的机械方式向室内主要活动区域加送新风。

印证：大楼热、湿环境状况

1. 过渡季节热环境测试

针对建科大楼主要办公区域的热环境状况进行测试研究分析，测试结果如右图所示。

可以看出，在2011年过渡季节的3、4月，由于自然通风的作用，建科大楼主要办公区域过渡季节工作时间平均气温均在27 ℃以下。此气温条件下办公区域内基本能够达到人体舒适性要求，不需要开启空调。

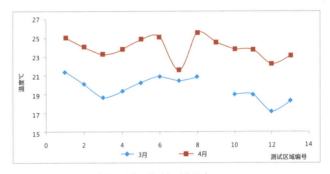

建科大楼主要办公区域过渡季节工作时间平均温度

2. 过渡季节湿环境测试

针对建科大楼主要办公区域的湿环境状况进行测试研究分析，湿环境测试结果如下图所示。

小贴士：

根据室内空气湿度标准，最宜人的室内湿度是：冬天为30%~80%，夏天为30%~60%。

可以看出，在2011年过渡季节的3、4月，建科大楼主要办公区域工作时间平均湿度为55%~70%，办公区域内基本能够达到人体舒适性要求。

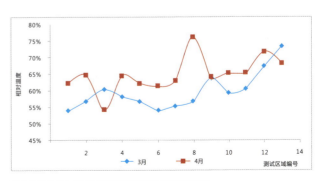

建科大楼主要办公区域过渡季节工作时间平均湿度

04 室内空气品质 —— 健康工作三十年

小贴士：

20世纪80年代以来，出现了三种与建筑物有关的疾病名称：①建筑物综合症（Sick Building Syndrome—SBS）。它的特点是发病快，进入建筑物瞬间或数周（月）便出现眼刺激、头痛、疲劳乏力等状况；患病人数多，建筑物内20%以上人患病；病因难确认，难找出与哪个因素或污染物的因果关系；患者离开发病现场症状即缓解或消失。②建筑物关联症（Building Related Illness—BRI），它的特点是症状为发热、过敏性肺炎、哮喘、传染性疾病等；可确认病因，找到污染源；患者离开现场症状也不会很快消失，必须治疗。③化学物质过敏症（Multiple Chemical Sensitivity—MCS)，它的特点是症状为眼刺激、鼻咽喉痛、易疲劳、运动失调、失眠、恶心、哮喘、皮炎等；病症有复发性、慢性；由低浓度化学物质引发；对多种化学物质过敏；多种器官系统同时发病。

小贴士：

据统计，全球近一半的人处于空气污染中，室内空气污染已经引起35.7%的呼吸道疾病、22%的慢性肺病和15%的气管炎、支气管炎和肺癌。室内空气质量和污染物控制已成为世界范围内的热点问题。污染室内空气品质的气体主要有苯、甲醛、氡、氨、TVOC以及CO、CO_2、SO_2、可吸入颗粒物等。其中总挥发性有机化合物（简称TVOC）是芳香烃（苯、甲苯、二甲苯）、酮类、醛类、胺类、卤代类、不饱和烃类等有机化合物的总称，具有强烈的刺激性气味。

室内污染物

回顾：室内空气品质控制技术措施

（1）监测空气污染。在办公室等人员聚集的功能房间，安装CO_2和VOC传感器，监测室内空气质量；地下车库安装 CO_2和VOC传感器并与新风系统联动，一旦接近或达到不许可标准时，即调整通风系统的新风量。

（2）控制污染源。将有异味的房间（如卫生间、垃圾间等）布置在下风向——大楼的西北角。利用楼梯前室阳台在下风向设吸烟区，在非吸烟区严格禁烟。

吸烟室和洗手间位于建筑的西北方向

中悬窗不同开度能够调节室内自然通风量

(3) 利用自然通风。充分利用自然通风冲淡建筑物室内污染物浓度，使其达到允许的标准值。

(4) 利用绿化。栽种阔叶植物等，可在一定程度上改善空气品质。

(5) 清洁和净化。加强新风与室内循环风的过滤，及时清除盘管的凝水和雨后建筑物某些部位的积水，杜绝细菌滋生条件，降低室内有害物质的浓度。

绿化能够在一定程度上改善建科大楼空气品质

印证：建科大楼室内空气品质效果分析

CO_2浓度是表征室内空气品质的主要参数之一，右图是建科大楼空调季节主要办公区域室内CO_2浓度状况。

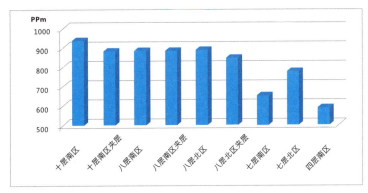

建科大楼空调季节室内二氧化碳浓度情况

可以看出，建科大楼所有办公区域内的CO_2浓度均小于1000ppm，符合《室内空气质量标准》（GB/T 18883－2002）中规定的室内CO_2浓度要求，这说明建科大楼主要办公区域空气品质良好。建科大楼过渡季节室内CO_2均满足标准要求，达标率为100%，说明建科大楼过渡季节空气品质优良。

建科大楼过渡季节室内CO_2浓度状况

测试位置	CO_2浓度（ppm）	标准值（ppm）	是否达标
十层北区夹层1	284	≤1000	是
十层北区夹层2	293.5	≤1000	是
十层北区底层	287.5	≤1000	是
十一层专家公寓A室	326	≤1000	是
十一层专家公寓走廊	341.5	≤1000	是
十二层食堂小包间	306.5	≤1000	是
十二层食堂大包间	349.5	≤1000	是
十二层员工活动室	319.5	≤1000	是
十二层员工食堂	304	≤1000	是
五层报告厅	315.5	≤1000	是
达标率	100%		是

小贴士：

"CO_2"在室外是全球暖化的元凶之一，高浓度的CO_2对人体危害很大，它能够抑制人的呼吸中枢，浓度特别高时对呼吸中枢还有麻痹作用。同时也会引起头晕、头痛、耳鸣、眼花和血压升高、神志不清等症状。

05 环境绿化 —— 都市中的自然花园

回顾：建科大楼景观绿化设计

建科大楼屋面总面积约1500m²，屋面绿化面积约800m²，各高层屋面上花池面积约500m²，空中花园的面积约1200m²，人工湿地面积约500m²。通过初步测算建科大楼的绿化面积达到了3000m²（屋顶绿化、花池绿化、空中花园、人工湿地等），与其所占用的土地面积相当。

建科大楼立体绿化示意图

蓄存雨水的屋顶花园

印证：建科大楼绿化实际效果

屋顶花园一方面可吸收雨水，减轻阳光暴晒、热胀冷缩和风吹雨淋，保护屋顶防水层，从而延长建筑寿命；另一方面可吸收夏季阳光辐射，有效地阻止屋顶表面温度升高，从而降低下层的室内温度和空调能耗。

此外，大楼每层均设有绿化地带，能够起到遮挡阳光、美化环境、吸收有害气体的作用，垂直墙面绿化也代替了不受视觉欢迎的灰色混凝土墙面。对于身居高层的人们，无论是俯视大地还是仰视上空，都如同置身于绿化环抱的园林美景之中。

立体绿化

绿化遮阳

  绿化除了带来生态效益，茂密的绿叶还能够遮挡室外强烈的太阳光进入建筑物内部，使立面垂直绿化具有一定的遮阳效果。

六层空中花园

  六层空中花园是交流、休息的平台，水雾降温系统可有效降低环境温度、改善微环境。

人工湿地

  人工湿地作为一个生态系统，能维持生物多样性并营造景观，在去除污染物的同时，具有美化环境的功能和较高的生态效益。建科大楼首层人工湿地能够处理所收集的雨水及景观水体，每5天左右循环一次，以满足景观用水及绿化浇洒用水对水质的要求。

下沉庭院绿化

建科大楼的地下室为下沉式庭院设计，采光井解决了地下室的采光问题，同时加深空间感和大自然的美感。

楼梯间盆景绿化

办公区域室内绿化盆景

大楼的办公区域内布置了大量适合室内生长的盆花、盆景及插花等，不但可给办公空间带来浓厚的生活气息，且能使人怡情悦目、心情舒畅，同时能够吸收一定的粉尘、有害气体等，净化室内空气。

第三节 绿之终印证——舒适度评价

无论做了多少绿色措施，采用了多少绿色技术，最终目的是为了让人们在建筑环境里更好地工作和生活。一座建筑在环保健康方面的成效，不是某一个人说了算的，而是要大家说了算。为了更好地验证大楼的绿色成果，在2009～2010年，一个对室内环境作评价投票的活动每天都在进行，持续一年收集大楼使用者的意见。结果表明，95%的人员对舒适度的总体评价是"可接受"和"满意"。

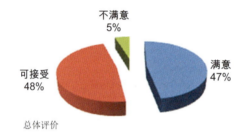

总体评价

01 噪声感觉

为研究建科大楼声环境状况对室内人员的影响，在正常工作时间对员工进行了声环境的问卷调查活动。结果显示，87%的人对声环境的感觉是"比较满意"。

办公区域噪声感觉

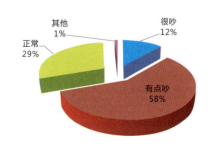

办公区域声环境问卷调查结果分析

从图可以看出，建科大楼办公人员对室内声环境总体比较满意，感觉室内"很吵"的占总数的12%，认为室内声环境可以接受的比例为87%（"有点吵"和"正常"的比例分别为58%和29%）。结合实际测试发现，办公区域的噪声一般均低于55dB，造成"认为室内有点吵"的原因主要是建科大楼办公区域为敞开的大空间，室内人员沟通交流所产生的声音会影响其他办公人员。

会议空间声环境

在会议空间方面，可以看出，认为会议空间声环境"很吵"的比例仅为4%，认为会议空间声环境"正常"的比例为54%，认为"有点吵"的比例为41%。总体而言，建科大楼会议空间声环境状况比较优良，达到了设计要求。

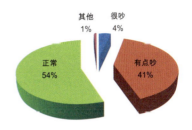

会议空间声环境问卷调查结果分析

02 自然采光感觉

针对建科大楼光环境状况我们选择天气较晴朗不开灯时的办公区域及五层远程会议室、报告厅等进行室内光环境感觉的调查统计。

办公区域

从调研结果可以看出，近50%的人员认为办公区域光环境"刚好"，86%的员工认为大楼办公区域光环境可"满足需求"（49%"刚好"、35%"有点暗"、2%"有点亮"）。

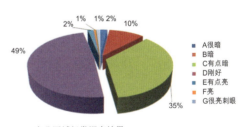

办公区域问卷调查结果

会议空间

针对五层远程会议室、报告厅进行光环境调研分析，调研结果详见右图。可以看出，64%的人员认为五层远程会议室、报告厅的光环境"刚好"，29%的人员认为"稍暗"，这说明93%的人员认为五层远程会议室、报告厅的光环境可满足需求。

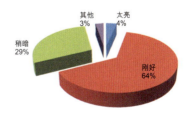

五楼远程会议室调研结果

03 热舒适度感觉

热、湿感觉是人体对周围环境是"冷"、"热"、"湿"的主观描述。人体的热、湿感觉能够直接反映室内的热、湿环境优劣。

在热、湿环境测试的基础上，开展热感觉、湿感觉问卷调研分析，得出的调研分析结果如下。

主要办公区域热舒适度

下图是建科大楼主要办公区域过渡季节的热舒适度调查结果，可以看出，54%的人员认为室内"舒适"，这与过渡季节温度测试结果相一致，也说明了建科大楼过渡季节依靠自然通风能够满足室内热舒适要求。

下图是建科大楼主要办公区域在冬季的室内热舒适度调查结果，可以看出，63%的人员认为建科大楼冬季室内"舒适"，同时有30%的人员认为冬季"过冷"，这说明冬季建科大楼室内热舒适状况良好，个别区域或人员需要采用一定的采暖措施。

夏季空调季节室内热舒适度调研情况详下图，可以看出59%的人员认为空调季节室内"舒适"，这说明总体来讲大楼办公区域的空调效果明显，满足室内多数人员的热舒适要求。

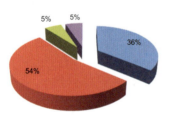

过渡季节室内热舒适度

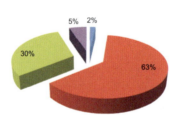

冬季室内热舒适度

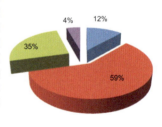

夏季空调时间室内热舒适度

■ A过热　■ B舒适　■ C过冷　■ D其他

五层远程会议室、报告厅热舒适度

五层远程会议室、报告厅夏季开空调室内热舒适度状况详见右图，可以看出将近80%的人员认为远程会议室、报告厅"舒适"。

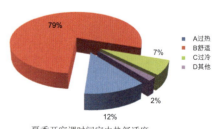

夏季开空调时间室内热舒适度

五层远程会议室、报告厅夏季通风不开空调时，室内热舒适度详见右图，可以看出，夏季通风不开空调时也有57%的人员感觉五层远程会议室、报告厅室内"舒适"。

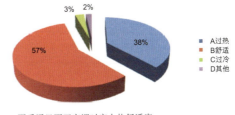

夏季通风不开空调时室内热舒适度

04 室内空气清新度感觉

采用问卷的形式来调查建筑内室内人员对办公区域的空气品质的主观感受，以此来判断建科大楼室内空气品质状况。

夏季空气品质整体满意度数据统计

从右图可以看出，建科大楼空气质量总体满意度较好，建科大楼夏季空气整体满意度为5.04，处于A等级。

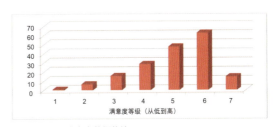

夏季空气整体满意度数据统计

办公区域空气洁净度评价

从右图可以看出，建科大楼办公区域空气洁净度状况整体上良好：88%的人员认为办公区域空气洁净度较好，其中认为空气洁净度"正常"的有45%，认为空气品质"清新"的比例为33%。

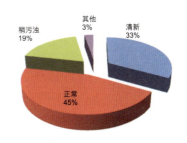

办公区域空气清洁度调研结果

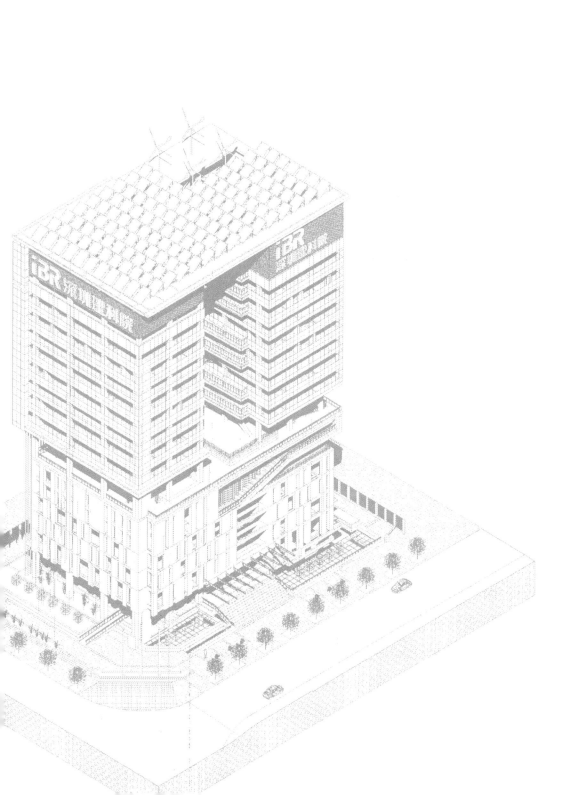

分享 | 绿色享受

　　如果说，上一章节是以数据支持的"绿色印证"，本章节将以镜头式松散的结构，通过建科大楼中的不同场景来回放使用者真实的感受——这，或许是另一种更为真实的"绿色印证"。

　　没有隆重的仪式，没有庆贺的鲜花鞭炮，只有清风、细水、绿野、柔光在建筑中与人约会；没有多余的装饰雕琢，没有堆砌的技术设备，只有绿色建筑带来的健康、简约、高效、和谐；没有冰冷的围墙、封闭的卡座，只有——
　　快乐的工作、健康的生活。

建科大楼的主人
是一群充满激情的建科人
他们的绿色理想扬起了希望的风帆

建科大楼所承载的
是绿色事业的起点和基地
是创新梦想的团队——IBR

建科大楼所诠释的
是绿色建筑的"真"
是绿色工作和生活方式的"善"与"美"

每一个建科人都喜欢这里
喜欢为绿色做点事
喜欢自在简单的快乐
喜欢充满感动的每一天

第一节 健康工作、快乐生活

 时间：8:00 AM　地点：自行车库

低碳出行——骑着我的"宝马"来上班

一路晨光，一路清风，清脆的铃铛伴随着每一天的上班时光；到了大楼后，把自行车往北侧的下沉庭院里一停，一天的无负担绿色上班旅途告一段落。

这还不算完，在进办公室工作之前，还可以到每个办公楼层配套的淋浴、更衣室里洗个澡、换上工作服，让绿色办公远离汗水，一天的工作更带有清新的气息。这里的热水是由屋顶的太阳能热水设备提供的，可以24小时持续供应，一天中任何时刻都可以在这里放松一下、清爽一下。

不骑车的同事，照样可以通过绿色出行来往建科大楼——地铁站、公交站就在附近，建科院的通勤车来往于站点和建科大楼之间，绿色交通铺成了绿色事业之路。

自行车库

骑着我的"宝马"来上班

时间：8:10 AM　地点：一层大堂

共享场域——穿过清爽的公益式大堂

第一次来到建科大楼的人，置身于建科大楼的开放式大堂里，会有一个清爽凉快的第一感觉，并由衷地感叹：这真是个适合南方炎热地区的大楼！

建科大楼没有围墙和大门，向城市和市民敞开着欢迎的怀抱。4层楼高的大堂让人们想起了传统民居中荫凉宽敞的堂屋，置身其中，清风随身相伴，更有葱郁的湿地花园和水池滋润视野和心境。那一片怡红快绿，让人恍然置身于社区园林。一阵柔和美妙的音乐声飘过，一句句温馨、睿智的心灵话语跃然于上大屏幕上，每个人的身心不免为之轻松怡然。

这一片清凉，不仅是人的主观感受，也体现了建科人为降低城市热岛效应而做的一种努力。透水砖涵养水分，利用雨水、中水向空中和水里喷雾、喷水，这一切都让这个炎热城市更清凉、更美好。

也难怪，在建科大楼的大堂中，我们便经常可以看到三三两两的附近居民在此纳凉！

建科大楼一层大堂

高效的大楼，高效的工作——五层报告厅

 时间：8:30 AM　地点：会议室

共享空间——高效的大楼，高效的工作

当需要与身在异地的同事讨论问题时，建科人无需订机票，更不需舟车劳顿，只需安坐于会议室中，链接上一个系统，就可以达到"天涯若比邻"的境界。这边，大屏幕将异地的会议现场画面实时传递过来；那边，异地同事电脑上的工作文件尽收眼底。此地的工作场景、工作内容完全与彼地实时共享。

建科大楼里经常演绎"分身有术"的高效工作，也将"低碳会议"贯彻到了实处。这样的共享空间处处可见，诠释着高效开放、共享的意义。

 时间：9:00 AM　地点：空中花园

共享花园——五种场景的"后花园"

　　建科人深深地爱上了自己的"后花园"——大楼六层占据整整一层的空中花园。

　　工作心疲神倦之时，移步于此"氧吧"开一个临时会议，让浓浓的负离子、氧气、花香和清凉水气改善一下思路；餐后时间，可以在这里散散步、赏赏花、看看鱼、望望景，让紧绷的神经恢复平衡协调。作为接待来访嘉宾的室外会客厅，在这里交流双方在鸟语花香中完成了一次次动人的会面，也留下了一些重要访客亲手种下的纪念植株和诉说心声的笔迹；节假日或举办各种活动时，这里是最佳的天然摄影棚和布景板；挂上投影幕、摆上音响，这里又是向普通市民和小朋友宣传绿色理念和知识的天然课室。

 9:30 AM　地点：地下室

地下空间——在哪里工作都一样

　　每天进入地下层做试验时，检测人员不会有"眼前一黑"的明暗不适，而是一直伴随着柔和、渐暗的自然光线。一抬头，可以看到透明的喷水池将阳光带入地下，下面的绿植生机盎然，四周波光粼粼、灵动有趣，每天的工作因此而愉悦。

　　阳光的延伸充满整个地下一层。除了透明水池外，光导管也为地下车库带来全频谱自然光，不仅具有更好的视觉效果和心理暗示，而且利于人体健康。

　　此外，每天与氡检测打交道，检测人员自然知道地下室是氡的高浓度区，但由于采取了通风、防水等措施，这方面完全没有后顾之忧。

时间：9:40 AM　地点：办公楼层

开放空间——在真实的交流中工作

在没有卡位、没有视觉阻碍，也没有各自"地盘"的开放式办公空间里，不管你是工程师、行政人员还是商务人员，只要一回头，就可以和同事、直线领导甚至是"领导的领导"商量工作，而不必严肃一下表情后再到"领导房间"去。当然，与其他部门的沟通也可以在一个大空间里无障碍地进行。

抛开QQ、CC这些即时通信工具，我们在面对面的交流中迅速、高效地传达信息，并且让团队成员第一时间了解各自的情绪、状况和需求。我们需要团队，需要一句话引发的灵感，需要开放接纳的心态和行为模式，高效、真实、平等、共享，这一切，都容纳于开放式办公空间中。

 时间：9:50 AM　地点：办公室

清风相随——一边工作一边吸收自然界的营养

一阵风吹过，办公室临窗位置桌面上的纸页纹丝不动，稍远处的同事却能感到清风徐徐，真可谓"风随心动"。

大自然的风是有营养的，充足的氧气能焕发人的精神能量和提升生命效率，建科人深谙此道，并且每天都受惠于此。风大或沉闷的雷雨天时，只需将"中悬窗"关小，就可以让清风从窗上部吹进办公室，同时不沾一丝雨点；天气半热不热时，把"中悬窗"开至最大，不用开空调也能拥有舒适的办公环境。

建科人还非常喜欢"桌面送新风"带来的舒适宜人。转动桌面的送风软管，一股清风扑面而来，带走了办公室所有的浊气，也带来了不期而至的清新灵感。如此一来，完全没有了坐在窗边和远离窗口的区别，所有的人都可以拥有同样清新的空气。

一边工作一边吸收自然界的营养（1）

一边工作一边吸收自然界的营养（2）

 时间：10:00 AM　　地点：办公室

柔光相伴——阳光从绿盈盈的帘幕透过来

　　神说，要有光，于是就有了光；建科人说，我们要时时与明媚的阳光相伴，于是大楼里处处阳光可掬。每天在南、北区间连接平台上走过的时候，都可以感觉到阳光从垂吊植物的缝隙中丝丝透过，让人感受到绿盈盈的生机和光与影的美感。

　　在大多数工作日，建科人工作时是不需要开灯的，窗上的遮阳板可以将自然光反射至离窗较远的办公座位，同时也使临窗位避免日晒和眩光。不需要开灯和关窗帘的办公室，更给人亲切、清爽之感！

　　对"柔光"的感受，有时不仅仅是一种视觉感受，当你感觉大楼里的阳光好像比别处都要凉爽一点时，说明你的感觉很敏锐——这是因为，大楼所有窗户均为中空Low-E玻璃，可有效抵挡红外线和有害的紫外线。

 时间：10:10 AM　　地点：茶歇间

青青世界——心系南山处，诗由菊茗出

　　"心系南山处，诗由菊茗出"，这是一位建科人写的诗，不但是他的心声写照，也与置身建科大楼的实际观感丝丝相扣——近处有"菊"，不远处就是梅林坳的苍郁山景。

　　坐在桌边，台面书架上的吊兰、富贵竹、发财树等各种花卉映入眼帘，不一而足。看显示屏久了，近看盆花，远看山景，举目望去皆是一片绿意融融，疲惫的

双眼因此得到放松。古人常说"赏心悦目",这些花卉、山景不但"悦目",而且真正能"赏心",因为当人视觉接触绿色率超过30%时,就可以有效缓解心理焦虑,触发积极的心灵感受。

"诗由菊茗出",这里的"茗"则是指每天上下午的茶歇时间。上午有精美糕点和粥,下午有烘烤地瓜、芋头和鲜榨甘蔗汁等,品种每天变换且免费供全体员工享用。一杯奶茶或咖啡在手,青青世界里南风清凉,不亦快哉!

 时间:10:30 AM　地点:空中花园

轻水涟涟——润泽生辉的生态大楼

人是有亲水性的,幸运的是,建科大楼处处被"水气"滋润着。

从入口处的汩汩喷泉和大堂对壁上的"清泉石上流"到六层半空花园水波涟漪、鱼儿游弋、花草茂盛的水体,从花园中喷洒的用来降低大气温度和热岛效应的水雾到各层走廊平台花槽中滴灌根系的细流……大面积水体既是景观,又能降温降尘,还能增加空气的湿润度,真可谓水烟弥漫、润泽生辉。

青青世界——心系南山处,诗由菊茗出

六层喷雾　　　　　　　　　　　　　　　　人工湿地与水景喷泉

 时间：11:00 AM　地点：十二层

都市田园——我们的"百草堂"和"三味书屋"

　　喧嚣拥挤的都市中，在屋顶花园的菜地尽享农家乐趣，这早已成为不少建科人的愉快体验。

　　菜地一年的管理权被拍卖给员工和家属，有的种草莓、花卉，有的种菜蔬、瓜果，一年收获的成果可以带回家享用。工作之余，浇水、施肥、拔草、捉虫、收获，不亦乐乎。

　　嫩绿的萌芽，绚烂的花开，累累的果实。初来建科院的植物精灵冒出了叶子，错落有致地伸展着，汲取着天地精华。那绿得泛光的辣椒、紫得发亮的茄子、红彤彤的西红柿、带着刺头的黄瓜……绿油油的菜地上，一派"稻花香里说丰年"的喜人画面。

　　在这里，还经常有饱览特区风貌的中外来客，有中秋月下猜谜品茗的青年才俊……

 时间：11:10 AM　地点：办公室

健康空间——让我们健康工作30年

在建科大楼工作一段时间后，每个人都有一种突出感受：每当走进那些外观精美却有着传统封闭布局的办公建筑，都会感到有些不适应；走在漂亮的花岗石地面上，常要担心滑倒；繁多的装饰和家具后面，常有挥之不去的异味。

这种时候，就会怀念建科大楼那水泥质感的地面，虽然梅雨季节会略显潮湿，但那是多么亲切可爱的大自然印记啊。环保家具、建材的选用，竣工后严格的室内空气质量检测，又是多么让人安心啊。

建科大楼，一座有生命的建筑，没有多余的装饰雕琢，与自然一起活化，她在拥抱——春晖的明媚、夏雨的润沛、秋云的高洁、冬阳的温暖和人世间的生机……自然的光影在朴素的白墙灰地上烙下时间的记忆，胜过世上最昂贵的装饰。

正是这种"清水出芙蓉，天然去雕饰"，才是对人的身心健康最有利的建筑。

时间：12:10 AM　地点：建科大楼

蜂蝶有约——生态大楼的美丽邂逅

　　建科大楼沐浴在夕阳余晖中，不经意间，两只"蜂"停留在小花上，快速地扇动翅膀，吮吸着花蜜，"是蜂鸟！"建科人的这一发现是这座绿色建筑与生态环境和谐共融的最好注脚。

　　没有围墙和大门，清风穿行其中，花园遍布各层，这都为生物多样性提供了平台。蝴蝶对生存环境要求非常高，大楼里却常见满园飞舞的蝴蝶，甚至在60m高的十二层还可找到踪迹。

　　蜂鸟的身影
　　蝴蝶的蹁跹
　　绿叶的蔓生
　　清晨在这里做作业的小学生
　　带着孩子晒太阳的邻家阿嫂
　　流浪狗的依恋
　　生命在这里共享欢欣
　　……

蜜蜂的留恋

鸽子的家园

蝴蝶的蹁跹(1)

蝴蝶的蹁跹(2)

蜂鸟的身影

时间：12:30 AM　　地点：活动室

康乐设施——工作之余的"加油站"

　　下班了，几个乒乓球友手又痒了，相约较量一下，顺便为建科院即将举行的乒乓球赛做热身。每年一度的乒乓球赛已举办多年，但在未搬入建科大楼前，每次比赛都不得不在狭窄的电梯厅进行，如今位于十二层的多功能空间宽敞、明亮、通透，是大展身手的好地方！

　　在这里，不管是打完乒乓球，还是在健身器上挥汗如雨之后，都可以坐到旁边的按摩椅上，调好振动程序，来一个全身大放松。甚至可以到旁边的能量屋里，通过各种先进设备，在浑身的酥麻中把电能转化为人体可接受的生物能。收拍回家时，一隅正在练钢琴的同事，用倾泻流水般的琴声给人带来一阵轻松愉悦。遇到瑜伽俱乐部活动的时候，还可以随舒缓、沉静的音乐进入一个冥想的静谧清幽世界。

 时间：13:30 AM　　地点：一层大堂

爱心之家——流浪狗笨笨

　　台阶上、花池边、大堂上，经常可看见一只失去主人的流浪狗。

　　它叫笨笨，第一次见到它还是一年前，骨瘦如柴，浑身脏兮兮的，不知道怎么就跑到了我们的大楼来，建科人不但接纳了它，还经常投以食物。半年前笨笨生了一场大病，被我们好心的同事送去医院就诊后现在已经完全康复，毛色也恢复了光泽，在今年初还生出了一窝小狗，现在每天都能在一层看到它们那活跃的身影。都说狗狗是有灵性的，它应该是把建科大楼当成了它温暖的家园了。

时间：18:00 AM　地点：报告厅

周末电影——我们要做低碳娱乐达人

　　屏上精彩的镜头，环绕声音响的立体逼真效果，把剧情推向高潮，也牵动着聚在一起的建科人的心——这一幕，不是发生在某家影院里，而是发生在每周五晚上的建科大楼五层报告厅中。与影院不同的是，半开放式报告厅让人重温儿时看露天电影的美好记忆。也许，在绿色生活方式的践行中，建科人也成了低碳娱乐的达人。

 时间：18:10 AM　地点：空中花园

儿童游戏堡——绿色建筑里的"亲子乐园"

　　把小宝贝带到建科大楼来玩，给他们上一堂幼儿园里没有的绿色体验课，这是不少建科家长的心愿。设在六层半空花园的儿童游戏堡，为实现这个心愿提供了一个充满童趣的平台乐园。

　　荡秋千，溜滑梯，小朋友在乐园里开心玩耍，一颗绿色的种子在纯洁的心里萌芽。在建科大楼对市民开放日活动中，这样的绿色体验课还会为更多的小朋友带来欢乐而有意义的记忆。

儿童游戏堡——绿色建筑里的"亲子乐园"

儿童游戏堡——在大人们的带领下，游戏的儿童

附录：员工日记之浮生偷得半日闲

三年前，初出校门的我来到建科院工作。那时的我们和普通的办公一族一样身处繁华都市的某层楼中，附近高楼林立，街道上车水马龙，人群熙来攘往，逼仄的空间、城市的喧扰和纷乱让我们遗忘了月亮和星星的影子，更遗忘了能够给我们带来的最基本生存的空气、阳光、水和绿色。

带给我们改变的是梅林一隅的建科大楼。"用最富创意建筑技术为民众实现健康、简约、高效、可持续的绿色人居环境，为中国人的理想生活提供无限可能"，这是每个建科人时刻铭记在心中的格言。而我们，无疑也是中国民众中的一员，建科大楼，这座凝聚了设计人员、使用者和来访者智慧的大楼，为我们的理想工作和生活也提供了无限可能，更重要的是我们在与阳光、清风和小动物亲近的过程中慢慢地解放了自己的心灵。

瞧，我在建科大楼的一天马上就开始了。

7:30 坐骑是一辆自行车，大概半个小时的车程。既绿色出行，又锻炼身体。可是，真希望深圳能有专门的自行车道。单位为骑自行车的员工配备了专门的淋浴室。

8:10 到达公司，迎着朝阳，踏进建科大楼，一楼开放的大厅播放着动听的音乐。踩着"献给爱丽丝"，脚步不禁轻快起来。

8:15 十二楼的员工食堂，迅速打了鸡蛋、豆粥、包子和炒面，对着对面的青山吃饭，心情那个愉悦呀。

8:25 来到办公室，一阵清风扑面而来，空气中透露着小清新。中悬窗还真是不错，空气对流很好，赞一个先。

8:30 繁忙的工作开始了，今天的事情还真是不少。因为是新的业务领域，遇到不少困难需要向同事和领导请教。不过我们有面对面的无隔板大办公桌，一个"吆喝"就可以畅通无阻地沟通了。

9:15 正专心工作呢，一阵鸟儿啄玻璃的声音打断了我。哦，是鸽子小白来了，我该起来透透气了。话说大楼的生态越来越多以后，吸引了很多动物，什么蜂鸟、鸽子、小狗都来了。很有创意的同事还为小白在博客中编了连载的故事呢。

走到七层的休闲平台上，满眼都是翠绿，当年矮矮的吊兰现在都已经从八层垂到七层了，成了随风而动的植物墙。可以望见六层的空中花园，郁郁葱葱，鱼儿在小池中嬉戏，让人暂时忘记了疲劳。

10:00 广播操时间开始。接下来是上午茶，新鲜的蛋糕和小粥，同事们边吃边交流，享受片刻的轻松愉悦。

10:00～12:15 繁忙而高效地工作。

12:15 可以吃饭喽。十二层的食堂挤得满满的，去享受美食了。

12:30 今天的天气不错，我们到屋顶花园吹了吹风。员工菜地里的木瓜结了好多果实，当年拍卖我也拍了一块地，可是太懒了，被行政中心收回了。

12:35 走"登山道"到办公室。有些同事在七层的休闲平台聊天，一阵阵欢声笑语。六层的空中花园，三三两两的同事在其中流连。

12:35～14:00 午休时间。

14:00～16:00 视频会议，和异地的同事真正实现了无障碍沟通。

16:10 下午茶时间。玉米、马蹄、红薯和西米露，不错。茶水间阳台上的花都开了，紫红的小花迎着清风荡漾，让忙碌的我们心情顿时愉悦起来。

16:20～18:00 紧张地工作。

18:10 下班喽。今天刚好是公司舞蹈俱乐部的活动，一起跳舞去。公司还有羽毛球、游泳等俱乐部，十二层还有健身房，只是我分身乏术呀。

快乐工作，健康生活。看看自己在建科大楼的一天，不禁吟歪诗一首：终日忙碌工作间，忽闻清风半拂面。繁城一片清净地，偷得浮生半日闲。

第二节 记录那些美好的时光

建科大楼承载了绿色生活、绿色办公的梦想，融入了建科人秉持的绿色理念和绿色文化。这座绿色建筑的诞生伴随着一系列的荣誉，从国家首批可再生能源示范项目到深圳市第一批建筑节能和绿色建筑示范项目，从全国首个"双百工程"绿色建筑示范工程到2011年全国绿色建筑创新奖……

除此以外，在建科大楼投入使用的运营过程中，也留下了一个个让人怀念的美好时刻。对于建科人来说，这是另一种荣誉，同样印证了建科大楼的绿色和无限生机。

 时间：2009年5月24日

聆听智慧的声音

2009年5月24日，住房和城乡建设部副部长仇保兴博士来到建科大楼，以"从绿色建筑走向低碳生态城"为题做专场学术报告。

会场外，仇保兴副部长冒雨考察了建科大楼，并亲手种下一株花香馥郁、南方广植的金桂树；会场内，虽然没有启用空调，墙扇大启的报告厅却清风习习，雨后葱茏的山景格外清新。当然，与会者得以体验绿色建筑的节能魅力，也得益于建科人事先准备好的折扇。事实证明，在建科大楼里，过渡季节的空调使用时间可以大大降低。

深圳百万市民共建最宜人居城市系列活动——合影

 时间：2009年9月20日

深圳百万市民共建最宜人居城市系列活动

  2009年9月20日，90名市民来到建科大楼，参加"关爱地球，呵护家园——深圳百万市民共建最宜人居城市系列活动"。

  活动主题为"绿色建筑，绿色家园"，在这里，市民们通过分组参观、实地体验、科普问答等环节，真实地感受到绿色技术与人性化设计融为一体的先进设计理念，可以说上了一堂生动有趣的科普教育课。市民们观看了空气检测和光学实验室演示，亲自动手在体验现场粘贴节能膜、安装节能灯、刷环保涂料等，并从科普展览和建科院派发的科普手册中了解绿色人居常识和解决方案。在顶楼的绿色菜地，市民们亲自采摘瓜菜，品尝纯天然的绿色食品。在位于十层的深圳市建筑能耗数据中心，市民们观看了大型公建能耗监测系统的演示，真切地体会到通过高科技管理手段实现节能减排的美好前景。

时间：2009年1月19日

建科扬帆·凤舞虎跃迎新元

2009年1月19日，建科人与各界朋友欢聚一堂，举行了主题为"建科扬帆·凤舞虎跃迎新元"的总结表彰暨迎春联欢会——这是建科人首次在建科大楼举办春节晚会。

联欢会处处体现了新特色、新面貌——建科人中的佼佼者走在了"星光大道"上，中层干部悉数出动担任晚会主持，精彩纷呈的节目包括自编自演的小品、浪漫温情的怀旧歌曲、吉他弹唱、火辣的热舞……自助餐美味可口、经济实惠，联欢后还有电影专场……建科人笑在脸上、喜在心头，大楼包裹着浓浓的春意！

今天，这是我们的舞台；

今天，我们走过红地毯；

今天，我们得到了荣誉；

今天，我们是明星；

今天，我们被关注。

 时间：2009年5月8日

周末健身日——我和健康有个约会

自2009年5月8日起，"建科院周末健身日"活动定期在建科大楼各处开展。下午5:00，第一个健身日共设爬楼梯、跳绳、呼啦圈、仰卧起坐、俯卧撑等五个比赛项目，分别在大楼西侧的消防楼梯和十二层南区员工活动室进行。

工会还为每个员工建立了贴心的健康活动档案，让每位参与者的积分一目了然，同时根据积分的多少对积极参与活动者给予一定的奖励。

时间：2010年5月21日

广播体操　一竞高低

　　洪亮的口号，整齐的队伍，规范的动作，充满活力的身影……2010年5月21日下午，在建科大楼 六层空中花园举行了一场职工广播操比赛。

　　九个工会小组共组成八支队伍参赛，各小组不但赛前都积极练习，还组织了拉拉队呐喊助威。大家参赛的精彩表演和认真态度成为同事们赛后津津乐道的话题。

 时间：2010年12月24日

　　每年的圣诞节晚会都是一个释放激情的舞台，精彩内容层出不穷，击鼓传花、猜灯谜、抢椅子游戏……院领导与员工们一起乐在其中，把"快乐工作、健康生活"贯彻到底！

 时间：2011年5月10日

浓情五月　感恩母亲

　　2011年5月10日，为感谢父母们对于儿女工作的支持，建科院工会特邀请员工父母来建科大楼参观、体验。

　　"慈母手中线，游子身上衣"，邀请建科妈妈参观建科大楼，是母亲节最好的感恩和祝福，每一位父母亲的脸上都洋溢着幸福的笑容。很多员工都在感恩板上题写对母亲的关爱，表达出对妈妈的浓浓爱意。

 时间：2011年8月15日

院好月圆庆中秋、欢乐中秋大博饼

　　新楼新气象，2011年8月15日，建科院工会、团委联合打造了"院好月圆庆中秋、欢乐中秋大博饼"活动。"博饼"是我国南方的一种传统喜庆活动，建科人借鉴过来，以这种形式博出丰厚奖品，博出节日欢欣。

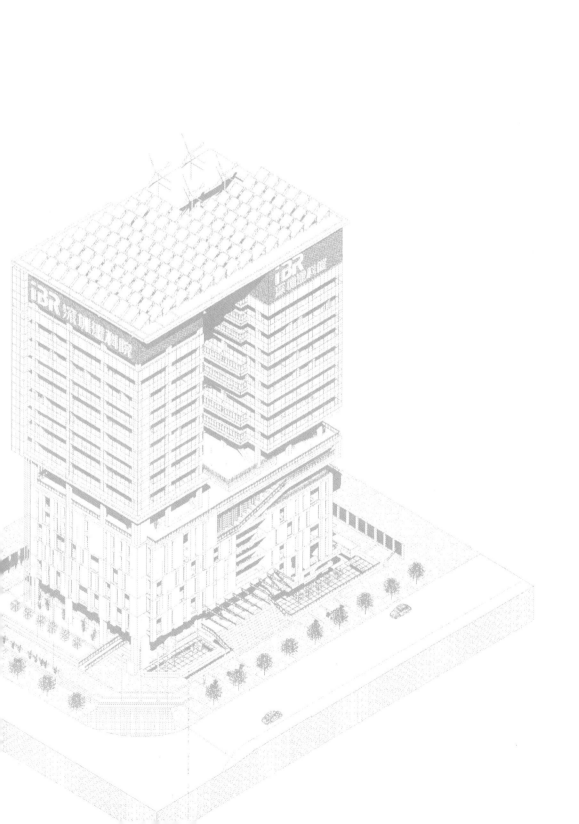

记录｜绿色传播

第一节 绿色体验

建科大楼从一诞生起就肩负起了众多的使命，它是夏热冬暖地区绿色建筑技术的示范楼，是新技术、新材料、新设备、新工艺的实验基地，是能源、环境数据采集楼，是建筑技术、艺术的展示基地，也是绿色建筑技术的科普教育基地。而其中最重要的一个职能就是把绿色技术和理念与社会共享，让更多的人通过实地的参观和体验达到绿色理念的普及。

作为全国的科普基地，建科大楼自2009年4月落成使用两年多来，共接待参观来访人员1万多人次。为政府管理者提供了政策研究的典型案例；为同行提供了学术探讨的载体；为房地产商提供了低成本的解决方案；为市民提供了近距离体验绿色建筑、了解节能知识的渠道。建科大楼成为了宣传绿色建筑、展示IBR技术实力及传播IBR企业文化非常好的平台。

从建科大楼落成之日起，她就以开放的心态面向了整个社会，欢迎社会各界人士前来参观学习，截至2011年8月，总接待人数共计15497人次。

那些来自参观者的声音

- 建科大楼，结合周边自然环境并与其融为一体。在设计上充分考虑自然采风、采光、遮阳，用材考究，充分发挥建筑材料、设备功能。合理利用了太阳能、风能、毛细管空调系统，注重污水处理再利用等。设计者的节能环保健康生活意识理念，是造就典范建筑的必备条件。向叶院长致敬。
- 深圳建科大楼：在这里我们度过了接近一个星期，感觉在中国还是有许多有自己信仰的建筑师在为自己的梦想奋斗，为他们鼓掌，他们是我们学习的榜样！
- 什么叫时间具有生命力，寻找答案，来建科大楼！ 看那走过时间后一切的一切……
- 号称绿色节能示范的建科大楼其实真的挺绿色的。
- 建科大楼声名远扬。采光、通风是设计的点睛之笔！
- 在这里学习、生活，共享绿色盛筵。
- 清晨的建科大楼，外表科技理性，内在人文感性。建筑科技与人文情怀结合才能产生伟大的建筑。
- 深圳建科大楼在2011年度全国绿色建筑创新奖评奖中，从众多参赛选手中脱颖而出，荣获一等奖。这是全国首个通过验收的绿色建筑和低能耗建筑"双百示范工程"。验收组专家认为，该工程达到了国际先进水平，为规模化推进我国绿色建筑的建设作出了探索与示范。

第二节 绿色教育

01 下一站，开往建科大楼

——2010年年初深圳市"博士后创新实践基地"在建科大楼成立，已接受中国人民大学经济、节能和减排、碳经济方面研究的博士进站作研究。

——2010年2月，福田区大学生实习基地在建科大楼成立，已接受各专业实习生150人前来学习。

——2009年12月，中国科协授予建科大楼"全国科普教育基地"的称号。

——2011年5月，深圳市科协授予建科大楼"深圳市科普教育基地"的称号。

  时光是检验一切的标准。两年时光，一幢朴实的建科大楼已由先前的默默无名散发出夺目光彩，吸引了成千上万的人来了解她并口口相传，因她实现了建筑与自然的联结，诠释出了碧野、清风、柔光的内涵，践行了最朴素、最本质的绿色建筑理念，也让每一个前来参观的人耳闻目睹，亲身体验。

  除却"绿色建筑"的头衔之外，也许，未来还有更多的荣誉将授予建科大楼。但荣誉只不过是过眼云烟，建筑却是永久的，而通过这幢建筑带给下一代的教育意义则更加影响深远。

  建科大楼建设之初衷是打造一个建科人实践绿色生活、绿色办公的基地，同时借这个基地开展社会科普活动，让更多的人了解绿色建筑的内涵，体验绿色生活、绿色办公的方式。她敞开怀抱，无私地将积累的绿色建筑经验共享给前来的每一个人，担当起启发教育的社会责任。越来越多的人选择到建科大楼来学习绿色建筑的技术、体验绿色建筑的魅力、感受绿色生活的美好。让我们一起来开启属于我们的绿色建筑体验之旅：下一站，开往建科大楼！

02 你的、我的、我们的绿色梦想

建科大楼的参观人群都有一颗追寻绿色建筑的心，他们中有政府官员、行业人士、投资者，但最引人注目的则是那些大中小学校的学生和幼儿园的小朋友们。让我们一起来回顾那一些在大楼里发生的故事——

深圳百万市民共建宜居生态城市系列活动

2009年9月20日，"关爱地球、呵护地球——深圳百万市民共建宜居生态城市系列活动"在市民中心广场代市长王荣（时任）的授旗之下，正式拉开了帷幕。这次活动以"水、空气、住房、气象、城管、公共建筑、人居理念"为七大要素，组织深圳市民到现场亲身体验。建科大楼策划了以"建筑科学"和"绿色建筑体验"为主题的科普活动，寓教于乐，给前来参观的深圳市民及其子女留下深刻印象。

在叶青院长的带领下，主办方住房和建设局副局长胡建文在互动现场体验

现场展示的风管清洁机器人，引发了小朋友的兴趣

少年之星小记者营探访建科大楼

2010年5月7日,《深圳晚报》组织"少年之星小记者营"的30名小记者来到建科大楼,开展主题为"了解绿色建筑,走进低碳生活"的参观体验和采访活动。小记者们带着清澈好奇的眼神,用心观察绿色建筑的每一细节,认真听取有关绿色低碳理念和环保节能技术的讲解,不时用小本和照相机记录下每一个收获,用略带稚气的声音不断询问一个又一个关于绿色建筑的问题。有小记者说:"长大了,我也到这儿来上班!"

大楼的每一个处技术点都让他们感到新奇,并认真地记下来

晚报少年之星的小记者们首次到建科大楼来体验

翠竹小学生们的绿色体验之庄旅

"好神奇啊!""真厉害!"2010年5月24日下午,建科大楼前,一群来自深圳罗湖翠竹小学的小学生们探着小小的脑袋,围着光导管发出了赞叹的声音。第一届"创新少年,欢乐少年"罗湖区社会教育月大型公益体验活动走进了建科大楼,主办方希望通过一段活灵活现的绿色体验之旅,教会下一代树立积极的绿色生活观念,推动低碳节能全民运动。参观完毕,这些可爱的孩子们说出了"我喜欢这里,这座楼很美丽的!"的心声。

翠竹小学的学生们一起在大楼前合影留念

仰头看着太阳下的水光透过玻璃微波荡漾,小朋友们一个个被眼前的美景吸引住了

来自一位市民的感谢信

"建科大楼无私地对公众开放,把绿色环保的理念传递到更多人心中。今天,我们来了30多个家庭,但我相信,通过大家的理解和传播,我们身边会有更多的人了解环保、参与环保、推广环保……它让我们知道,环保是一种责任、一份坚持、一个信念。……也许在我们这些小朋友中间,就有未来的建筑设计师,当他们长大开始自己的设计时,他们一定会记得这次难忘的经历,他们会用自己从小得到的知识,去造福更多的人!"2010年6月26日,深圳梅林一村幼儿园的家长们带着可爱的宝宝们来到了建科大楼,虽然宝宝们不一定特别理解,但家长们写来的一封长长的感谢信,让所有的建科人为之感动和动容。

柳州"小记者"参观建科大楼

2010年7月30日,《深圳晚报》与《柳州晚报》共同组织了小记者夏令营活动,74名来自柳州多家学校的"五星小记者"来到建科大楼进行参观与采访。从地下室到顶楼,孩子们逐一了解了人工湿地、导光管、地下室、太阳能利用等大楼采用的"经典"技术。小朋友不仅用眼睛记录下这些令他们惊叹的技术,也将这个特别的夏令营的记忆永存于心间。

面对孩子们的提问,讲解员"叔叔"洪超一点都不能掉以轻心

建科大楼作为孩子们夏令营活动的最后一站,他们很轻松也感到很高兴

体验深建科的LOHAS生活

"走进深圳的绿色建筑,体验深建科的LOHAS生活(Lifestyles of health and sustainability,健康和可持续性的生活方式)"带着这样的美好意愿,香港房屋署、香港绿色建筑委员会、香港水务及环境学会、中国绿色建筑与节能(香港)委员会一行80余人于2010年8月21日到建科大楼参观交流。深港之间一向注重绿色建筑的发展,双方的沟通与交流也将更加促进绿色建筑的发展。

建科大楼前的难忘瞬间

香港环保建筑和建筑师协会来访

全国首个绿色生态城市青年夏令营

2011年8月8日,由中国城市科学研究会生态城市专业研究委员会主办、深圳市绿色建筑协会和深圳市建筑科学研究院联合承办的"2011年度绿色生态城市青年夏令营"吸引了20名来自全国各地的高等院校的规划和建筑专业的学生。夏令营的主要授课场所就安排在建科大楼,通过理论与社会实践的结合,现场动手设计绿色建筑,让学生们更加深刻地理解了绿色建筑的理念和内涵。

2011年生态城市青年夏令营(1)

2011年生态城市青年夏令营(2)

03 携手共进，展望绿色事业的明天

作为一个国家级科普教育基地，对建科人来说，接待参观者已经是成为常态的一项工作，而建科人一心传播绿色建筑理念的理想也感染了更多的人，那些接受绿色建筑教育的大、中、小学生们就成为了最大的传播者。

或许他们还不太懂绿色建筑，建科大楼却用最简单、最直接的体验告诉了他们，绿色建筑就是这样的。他们用还带稚气的声音不断询问一个又一个关于绿色建筑的问题，一层大堂处的合影留下了他们对绿色生活的憧憬和回忆，加深了他们对自己生活的城市的认识与热爱，进而倡导全社会一起关注并实践绿色环保和低碳消费。

"绿色事业，教育为本"，绿色科普教育是我国整个教育事业的重要组成部分，也是绿色建筑事业一项长期的战略任务和基础建设，更是社会文明进步的重要标志。

第三节 绿色交流

01 绿色是一种信仰

在十年前，大众对于绿色和生态的认知还处于蒙昧阶段，绿色建筑和绿色生态的政策、技术、设计方法等都需要全面推行，急需一个平台向大众传播绿色建筑和绿色城市理念。

绿色是一种热爱，一种信仰，只有对绿色心怀向往，方能将其当成一生追求的事业。深圳建科院是一家建筑科学研究机构，在用绿色建筑科技服务大众的同时，也把绿色建筑文化的传播当成一项责任。

  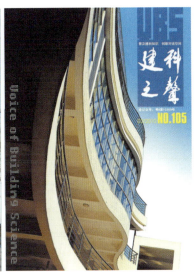

02 文化无声，力量却无穷

建科大楼是绿色建筑文化的载体，人们在这里感受到绿色建筑科技带来的生活和工作方式的改变，体会到建筑运用适当的设计、辅助于适宜的技术，便能造就一个生态绿色的大楼。在建科大楼里，绿色的种子萌芽生长，也期待着它能开花结果、散播四方……

在国内各类工程建设如火如荼，国内大部分人还不知道绿色建筑为何物的2000年，《建科之声》以"传播科普知识，创新对话空间"为宗旨正式创刊。在两三年的时间内引进采编和出版的专业人士，立足于绿色建筑领域，敢为人先地采编各类绿色建筑方面的新闻和文章，长期开辟专栏，专访国内外绿色建筑领域的专家、学者，探讨绿色建筑方面的技术、发展趋势，厘清绿色建筑概念，拨开随市场发展关于绿色建筑的各类传闻的迷雾。

《建科之声》一时间在行业内引起较大反响，由一开始的发行1000册迅速提升印量至3000册，发展了2000余名读者作为《建科之声》的会员。

2003~2007年，《建科之声》读者俱乐部策划了大量的活动，如登山摄影比赛、看楼活动、建科论坛等。不仅实现了杂志与读者的亲密互动，也利用这些活动引导和传播了绿色建筑理念，让人们对绿色建筑这一概念更加清晰而具体。

2009年4月，建科大讲堂作为传播绿色研究、实践经验的高端学术交流平台正式对外开讲。讲堂秉承"绿色人文"的理念，坚持"思想性、学术性、公众性"，面向建设行业各个领域和社会大众开展系列讲座活动。《建科大讲堂》是思想的盛宴，学术的殿堂，强调"独立之精神，自由之思想"，探讨行业发展方向、交流业内动态信息、推广新技术新理念，让更多的业内人士和普通市民感受建筑艺术的魅力，分享建筑科技进步的果实。

2009年4月，讲堂首期邀请住房和城乡建设部原总工程师、办公厅主任王铁宏作为嘉宾，作了"对基本建设领域转变经济发展方式的调研与思考"演讲。

基于当前日益严峻的气候条件和资源状况，绿色城市为越来越多的国家所关注。2009年5月，意大利米兰理工大学毛里奇奥·麦瑞吉教授作为首位境外专家，在第二期建科大讲堂以"绿色城市"为主题，回顾了欧洲绿色城市发展的历程。

2009年5月24日,受建科大讲堂之邀,住房和城乡建设部副部长仇保兴在建科大楼,以"从绿色建筑走向低碳生态城"为题作专场学术报告,全面、系统地阐述"绿色建筑"与"生态城"的内在联系和现实意义,对深圳把握发展机遇、实现再次腾飞提出指导意见并寄予希望。

2010年4月24日,建科大讲堂第四期邀请了住房和城乡建设部政策与法规司副司长徐宗威,他以"政府公共服务与公权市场"为演讲主题,系统阐述了市政公用事业改革与实践中的政策问题,围绕公共服务与公权市场进行了深刻分析和理论判断。五层报告厅,室外青山美景,室内清风习习,怀着绿色情缘的八方来宾聚集在这座绿色的大楼内,聆听徐副司长的精彩演讲。

2011年5月12日,建科大讲堂第五期特别邀请了美国国家科学院院士,加州大学伯克利分校全球环境与健康学院教授,健康、环境和发展研究所所长Kirk R. Smith担任嘉宾,举办"室内环境、健康与气候:中国及世界的挑战"的主题演讲,Smith教授将自己多年对空气污染监测、健康和气候保护、室内和室外空气污染的健康效应和健康风险评估等一系列能源和环境相关的研究成果与大众分享。

2011年8月16日,深圳市规划和国土资源委员会副总师黄伟文担任建科大讲堂第第六期演讲嘉宾,以"栖居与设计"为题,为来自全国各地高校参加"2011年绿色生态城市夏令营"的学子以及各方人士进行了演讲,从城市发展的问题到如何解决问题所在,他引导大家多维度去思考,引发了人们对城市发展问题的共鸣。

从第一期到每一期,建科大讲堂从未降低水准,演讲嘉宾均为国内外业内精英学者,为大家带来思想的盛宴,让大家领略建筑科学的魅力。

住房和城乡建设部原总工王铁宏作为首位主讲嘉宾

意大利米兰理工大学毛里奇奥·麦瑞吉教授应邀为建科大讲堂演讲

住房和城乡建设部副部长仇保兴受邀为建科大讲堂主讲嘉宾,作"从绿色建筑到低碳生态城市"的主题演讲,仇副部长幽默风趣的演讲,吸引了300多名读者,现场座无虚席

2010年1月18日深圳市长培训班在深圳市建筑科学研究院有限公司绿色办公场所——建科大楼举办，住房和城乡建设部副部长仇保兴再次来到讲堂，作了"生态城改造分级关键技术"的演讲，深圳市吕锐锋副市长亲自主持，全市政府职能机构官员全部参加

"推行绿色建筑可以拉动经济的增长！"中国科学院院士、华南理工大学教授吴硕贤如是说。

"节能不合格就不应该评绿色！"清华大学建筑学院朱颖心教授如是说。

……

2009年11月26日，"第三届中国建设工程质量论坛建筑节能与绿色建筑分论坛"，由中国科学院吴硕贤院士、住房和城乡建设部建筑节能与科技司武涌巡视员、清华大学建筑学院副院长朱颖心教授、深圳市住房和建设局勘察设计与科技处徐俊雄副处长、万科集团建筑研究中心助理总经理王蕴等多位具有影响力的演讲嘉宾，分别从改善人居环境、建筑节能与绿色转型、中国绿色建筑发展方向的思考、深圳建筑物废弃物减排与利用、建筑节能工程中常见的质量问题、可持续发展企业的创新之道等几方面进行演讲，与行业内人士共同探讨行业发展问题。

为了探讨热带及亚热带地区绿色建筑发展面临的共性问题，推动热带及亚热带地区绿色建筑的快速、深入发展，2010年12月6日，"热带及亚热带地区绿色建筑委员会联盟成立大会"在深圳市市民中心隆重举行，此次大会由深圳市绿色建筑协会、深圳市建筑科学研究院共同承办，"第一届热带及亚热带地区绿色建筑技术论坛"同步在建科大楼召开。联盟的宗旨就是探讨热带、亚热带地区绿色建筑发展面临的共性问题，推动区域内绿色建筑的快速、深入发展。

绿色建筑文化的传播已成为每一位建科人自觉的使命，每一位建科人都是一粒绿色的种子，每一本杂志、每一次的建科大讲堂、每一次的展会都是一个传播平台，绿色建筑的理念在此生根发芽，至成熟，至开花结果，再一次撒向更多的地方。

华南理工大学教授吴硕贤

091125建筑质量论坛和2009年鲁班奖颁奖庆典分论坛朱颖心教授

第四节 绿色展示

01 大展厅，小展厅

在建科大楼的二层，有一个"深圳市绿色建筑展厅"，如果说建科大楼是一个绿色建筑的"活体"展示厅，而这个小小的展厅则浓缩了深圳市绿色建筑的发展历程、发展现状，让参观者对深圳市绿色建筑的发展脉络更加清晰。而建科大楼又是这小小展厅中的一环，在了解了深圳市绿色建筑发展脉络之后，随后参观的建科大楼，则让大家加深了对于什么是绿色建筑的理解。

这是一个筑梦神奇的地方！它可以观深圳改革三十年风云起伏，简要涵盖深圳从边陲小渔村起步，经历经济为中心、电子科技为本到绿色科技为核心的三十年发展变迁；也可观深圳在以绿色科技发展基础上所确立"绿色建筑之都"为发展目标下的价值内涵、行动纲领、发展计划和绿色技术等系列绿梦之旅，这就是坐落在深圳建科大楼二层，建成并运营两年时间，接待全国各地，国内外众多参观者的深圳市绿色建筑展示中心。

展厅以介绍深圳市在探索绿色建筑本土化，寻找适宜中国的绿色建筑实践之路的成就为主线，将市政府、科研机构、房地产开发商、企业和普通市民共同"打造绿色建筑之都、创新城市节能实践"的蓝图描绘出来。"深圳，绿色的梦想"这个永恒的城市主题展厅得以延续。

整个绿色建筑展厅分为三个主题：绿色城市、绿色发布及绿色科普。

"绿色城市展厅"

位于二层南区,交代绿色建筑理念的诞生背景,并通过"我们的城市"、"我们的家园"、"我们的校园"、"我们的办公"、"我们的医院"五个版块展区,用"住"、"学"、"工"、"医"这几个与人们生活直接相关的版块将深圳市在建筑节能和绿色建筑乃至城市规划方面的既有和将有的具体技术措施、节能管理运作方式和思路等进行分项展示,同时结合了深圳市具有代表意义的具体案例和技术,集中展示深圳市在绿色城市建设方面的实践及对未来的展望,以达到虚实结合、宏观与具体相呼应的展示特色,为其他城市在技术运用和发展模式上提供一定的参考。

"绿色发布综合展厅"

位于二层北区,是互动多功能展厅,用于绿色建材、绿色建筑技术、产品展示。因为材料、技术要素的灵活性,它可以随时根据主题进行变化,根据内容进行参观流线变换,而且还可以根据现有的场地进行不同的主题展览展示。

"绿色科普展厅"

位于三层南、北区,是一个集中的体验区域,是研究的平台和载体,直接让参观者体验绿色建筑带给老百姓的好处,以及声、光、热物理环境对人体的影响,同时将建科大楼原有的展示系统作为展厅的外延,指引大楼各展示点,既有集中的演示,又有实际应用的体验,完整诠释绿色建筑的技术和实践。

建科大楼就是一个绿色建筑实体展品，在实施当中，本着资源共享、不重复设计的原则，建科大楼展示系统可以作为展厅的延伸，其中贯穿始终的绿色理念和各种已经投入使用的绿色建筑技术将成为二层"绿色城市展"的立体呼应，成为绿色技术体验式展览区域，相辅相成，相得益彰。

通过展示和体验相结合的手段，把"绿色城市展"、"绿色发布综合展"、"绿色科普展"分主题展示，让参观者清晰的理解展品与用途。并采用"主题式展厅+体验式展示"相结合的方式，小特色、大集中地将展示项目达到统一，尽最大可能让前来参观的领导和专家对深圳现代绿色科技进步有直观的感受，让普通百姓体验绿色建筑为健康生活带来好处，清晰绿色生活的内涵，认知绿色建筑对生活和健康的影响。

深圳市绿色建筑展示中心，这是一个筑梦的地方！它是一个造价平实但创意无限的地方；是一个朴实与精彩并存的地方，是一个永远在发展变化、充满好奇、充满希望的地方，等待大家前来探巡。

02 走向世界的通道

绿色理念的传播不仅仅限于这座大楼，那些绿色的种子——建科人、建科院的专家们，通过参与国内外著名的展览会议将中国的绿色建筑理念撒向四方，并与国外著名高校建立起合作关系，学习研究新的绿色建筑的理念，持续跟进和更新不断变化的绿色建筑科技。

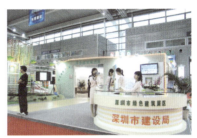
2006年高交会

2007年高交会

2008年高交会

2009年高交会

2010年高交会

从2005年开始，深圳建科院首次参加高交会，以后几乎每年都以不同的主题参与高交会，通过高交会推行绿色建筑理念、传播绿色建筑技术和推广建科大楼。

从2006年开始，深圳建科院每年3月都会参加在北京举办的绿色建筑大会，建科院的专家们会在大会上作发言，传播绿色建筑的理念，探讨绿色建筑技术。

从2007年开始，深圳建科院未间断地参与了新加坡及中国香港、澳门、台湾等地的建筑行业类展会，利用这些展会，与世界建筑业同行建立了联系。

这些年参与的展览会议也收效显著，美国康奈尔大学、耶鲁大学、香港理工大学、香港科技大学、香港中文大学等纷纷与深圳建科院建立起了合作关系，共同研究绿色建筑领域的科学技术，与我们共同走在世界建筑技术研究的最前端。

述说│绿色遗憾

绿色建筑区别于常规建筑的诸多特色势必须要解决在当前行业管理和技术水平上的困难。经过建科人以及周围更多支持建科人的各界人士的共同参与，建科大楼在设计、施工、运营过程中突破了一个又一个难题，创造了一个又一个纪录，然而任何一个项目都会留下遗憾，对于建科大楼的遗憾，我们认为反映的不仅仅是这个项目或是建科人的琐碎问题，可能更多地反映了整个行业发展中目前算不错但未来可以做得更好的期待，也预示了整个行业发展的动力和方向。

我们归纳了一下，大致可以分为三种类型的遗憾：

一是共享所要求的流程变革在实施中因为打折扣而导致的遗憾；

二是由于技术和产业的当前水平和发展阶段产生的遗憾；

三是运营管理和实际使用过程中发现的遗憾。

01 实施遗憾：
共享所要求的流程变革在实施中因为打折扣而导致的遗憾

遗憾1——相关专业在此阶段的并行模式未能完全实现

绿色建筑有关流程变革要求的目的就是通过实现设计参与权优化，将现有串行管理模式转换为并行管理模式。

传统的串行工作模式，比如设计阶段，先是建筑专业，再是结构专业，然后各种设备专业依次介入，又比如施工阶段，先是进行主体结构施工，然后是装修工程施工，最后是装饰工程施工。这一串模式的最大弊端就是难以形成优化的跨专业、跨工序的互动反馈，难以形成整体最优。

而绿色建筑的本质就是实现各种约束条件下的整体性能最优，因为各项技术、措施、思路的单项最优的边界条件彼此往往不重叠，同时考虑到成本、时间等因素，过分强调某方面最优则可能其他方面不能兼顾；另一方面，各种需求同时提出便于协调并得到各方认可，不是将前一个专业、前一道工序遗留的难以改变的遗憾（或改变起来成本更大）继续传递下去，而是充分考虑后避免这些问题。因此需要并行的工作模式，让各专业、各工序之间有效沟通，共同提出都可以接受的方案，同时在此过程中还有一定的研发工作，并行的模式更能使不同"利益相关者"共同激发创造力以找到解决方案。

在建科大楼这个案例中，绿色的共享本质得到了很好的体现，但在某些细节上也存在遗憾。由于各相关专业一开始还不太习惯新的工作模式，加上项目由于具有大量研发性质的工作从而导致项目持续时间长、人员变化大等原因，使得沟通安排有时仍不如预期的顺畅，最终还是不可避免导致了方案的多次反复修改，拉长了所需时间，增大了成本。不过有了这样的经验后，相信未来大家更能适应新的工作模式。

遗憾2——结构与装修一体化的构想未能实现

共享设计的并行理念的推行不仅仅是上述设计、施工团队内部的问题，有时还会遇到其他外部现实条件的阻碍。建科大楼设计的一大特色就是"极简装修"，特别是墙体、楼板多为清水混凝土的设计思路，且避免毫无功能性的构件和装修，因此从设计方案阶段开始，就一直希望能够实现结构与装修一体化，两个过程合二为一，能避免不少重复工作，也能减少工期。

但在实际操作中面临的主要问题是：根据现有建筑工程施工管理的流程要求，必须先完成结构工程的施工，验收通过后才能进入到装修工程的施工工作。尽管我们也曾多次与相关主管部门沟通，他们也理解并赞同我们的设想，但现有验收制度流程的问题无法解决，最终仍无法实现这一目标。

我们期待未来的建设行业监管流程能够适应绿色建筑的本质需求而发生变化，最终做到根据性能进行验收，甚至是该监管流程发生更大变化，形成鼓励一体化设计的实践与创新。

遗憾3——考虑全生命周期的空间变化仍未充分利用与发挥

绿色建筑的另一项重要原则就是考虑资源消耗、能源消耗、运营维护、环境影响、功能变化等多个维度在建筑物全生命周期的情况。目前，大家关注的重点更多集中在上述前四个方面，却往往忽视了一栋建筑物可能出现的功能需求变化。因此目前的研究和测算也多是仅基于单一使用功能形式下的资源能源消耗量、运营方式、环境影响，而一旦该建筑物在数十年甚至上百年的使用过程中出现一两次的功能调整和改造，就势必突破之前的各方面预测。

因此，在建科大楼的案例中，我们更强调了空间的预留和设计的易改动特点。空间的预留就是在目前看来有不少空间似乎是"大而不当"或是"无用"的，但这却为未来的变化留下空间，大幅度减少穿墙打洞的可能性。而设计方案中强调的易改动特点则是在设计时就考虑了同一空间的不同功能变化需求，可以非常容易地实现区隔、合并、调整，比如大楼中可区隔成不同大小的会议室、大空间办公空间的设计就是典型的例子，而空中花园和各层平台等公共空间既可休憩又可研讨开会，甚至举办小型活动的这种模糊空间功能使用的方式又是另一个例子。

尽管如此，建科大楼里某些希望实现的目标还是由于现实原因进行了调整而未能实现当初的功能，例如：由于产品规格与质量、各专业协同研发力度、工期与成本等因素，某些专家公寓原定的工作居住可变换空间理念、白天可以将床收起隐藏在墙壁等功能没有实现；各楼层架空地板里面安置桌面送新风系统的理念在内装修时只在少量空间实现等遗憾，只有留给以后改造时再看是否能够完善。

小结：结合前面三个方面的遗憾，我们可以看到，由于行业管理现行的串行模式以及各专业团队对于并行合作的技术和方法上的不适应等方面，建科大楼作了探索，但仍受一定的限制，希望未来行业管理能顺应绿色建筑的要求而进行改善和优化，各专业技术人员的技术能力和意识也能不断更新和调整，更好地体现绿色建筑的内涵要求。

02 技术遗憾：
由于技术和产业的当前水平和发展阶段产生的遗憾

绿色建筑是一项新的探索，这也体现在对新技术、新产品、新工艺的发展要求上。建科大楼在技术产品选择方面的确留下了一些小遗憾，一方面原因是基于目前施工水平、管理水平、低成本考虑以及个别疏忽，从而导致某些小遗憾，但从另一方面来理解，正是在这样的背景和条件下，建科大楼以低成本（建造和装修成本大约4300元/平方米）、依靠当前普通的施工工艺和技术水平的状态下，达到了国家三星级绿色建筑的要求，恰恰说明了建科大楼的示范价值。

遗憾1——微风条件下转不起来的风车

由于建科大楼的设备采购根据国有资金招标要求采取了低价中标的评判标准，同时由于当时采购时相关国产产品尚处于起步阶段（近两年的发展突飞猛进，质量迅速提升），建科大楼采购的风车质量水平未能最终实现微风条件下启动的最初设想。同时，由于当时设计研发的经验不足，在进行屋顶通风模拟时，微环境和周边影响因素等细化程度不够，导致具体选择风车安装平面位置时出现不合理。上述两方面的原因综合造成了今天的小遗憾，屋顶的风车只有在大风时才可以转动发电。

如果需要让这些风车在更多情况下发电，我们现在可以变更平面位置，但成本又是考虑因素，也许风车的问题将在未来大楼统一改造时再一并调整。

遗憾2——清水混凝土的美观程度

　　国际上有许多大师的著名建筑都采用了清水混凝土的结构直接暴露在外，从而实现梁柱、墙体的混凝土结构本身就是饰面层，不再需要另行装修。这种方式突出了建筑空间本身的韵味，以平实朴素的方式让人们从眼花缭乱的装饰中回归建筑最本质的空间感受和光影效果。

　　在国内，也有不少项目也采取了该思路并取得了良好的效果。但是建科大楼的清水混凝土效果达不到预期。原先期待直接混凝土浇筑脱模后外层不再有任何装饰，而事实上这种情况无法实现，表面平整度离要求太远，因此又通过抹灰工艺进行了修修补补，才呈现今天的效果，离上述国际水平的施工效果还是有差距。

　　这一小小的遗憾其实也可以从两个方面来看：一方面是出于成本的考虑，但还有一方面，建科大楼没有找顶级施工企业，采用符合国际标准的清水混凝土施工工艺，也是我们想证实一下符合中国常规情况的国内施工平均水平是否能胜任，结果虽不完美，过程虽然比较累，但最终能做下来，这就是不错的，证明了在中国推广低成本、平民化的绿色建筑是可行的，因为大规模推广绿色建筑必须面临行业平均水平条件受限这一问题，否则就还是只能拿几个高水准但高成本的试验性的小规模项目孤芳自赏。

　　小结：这一类型的遗憾我们是辩证地来看待，因为这样的遗憾有部分原因是我们需要验证大规模推广是否可行而有意不采取高端资源带来的，因此恰恰又反映了我们在这种水平上、在低造价的约束条件下建成大楼的意义。但是，从建科大楼的这些遗憾可以得出一个结论：绿色建筑对整个建筑业高质量标准化、产业化的实现是充满期待的，我们相信巨大的市场容量、不断提升的品质需求，必将在不久的未来对整个行业的技术水平、项目管理水平带来大幅度的提升，让更多的低成本的绿色建筑做起来不会那么难，让这些项目在成本不增加的情况下享受到更好的资源。

03 使用遗憾：
运营管理和实际使用过程中发现的遗憾

遗憾1——太阳能热水使用不饱和

　　建科大楼在屋顶位置布置了太阳能光热板，并在设计时对大楼热水用量进行了测算，但在实际使用中发现，我们远远高估了大楼的热水用量，办公楼中实际使用到的热水量并不大，这也造成了储备的太阳能热水远远用不完。

遗憾2——儿童游戏堡实际使用率低

儿童游戏堡本是我们为带小孩上班的同事提供的一处供小孩玩耍的场所，但实际使用率却很低，造成这个情况有两个原因：一是带小孩来公司工作的员工数量不是很多，当然这也和我院目前员工年龄结构偏年轻有关；二是儿童游戏堡受场地大小和设备条件限制，对小孩的持续吸引度不够。

遗憾3——员工菜地大部分需行政兼管

在建科大楼的屋顶有12块小菜地，出租给了员工供其种植各种想种的植物或蔬菜，但投入使用两年来，由于不能保证规律地养护和种植技术知识的缺乏，大部分员工菜地的种植情况很不理想，需要交给行政进行兼管。没有实现预想中的完全由员工自行养护和种植的目的。

遗憾4——生态环境过好造成蚊虫较多

建科大楼室内、室外的绿化都做得特别好，随处可见的绿意盎然除了让人心情愉悦之外，也招来了不少蚊虫。尤其是在夏天，中央空调在下班后自动关闭，再加上天色一暗，很多蚊子飞进办公室，给加班的同事造成困扰。

遗憾5——前台位置工作条件不尽如人意

由于建科大楼是开放性建筑，没有固定的出口和入口，而前台是固定的位置和朝向，这就造成了不少前台工作人员看不到的视觉盲区，在有些位置上，闲杂人员的进进出出是前台工作人员无法顾及的。此外，前台的位置刚好在风口上，冬天风大时，前台工作人员的工作环境会比较不舒适。

遗憾6——系统监测数据首年不完整

建科大楼建成使用的第一年，由于比较缺乏经验及某些硬件方面的原因，各方面监测数据的计划是逐步完善的，所以造成了第一年的系统监测数据不完整。

遗憾7——打卡与门禁相结合加大工作量

设计打卡与门禁相结合，初衷是为了方便员工。但是忽略了两点：一是每间办公室的入口都不止一个；二是所有员工每天进进出出办公室门口的次数很多。因此，在员工刷卡进出时产生了过多的数据，行政人员需要花更多的时间在众多的数据中找出并统计因上下班打卡而产生的数据。现如今建科大楼在这方面已作了一些改善，如设立固定打卡点。

小结：运营管理的关键不外乎两个字：细节。对细节的把握和处理决定了实际运营的成效。而这又由三个要素构成：前瞻性、精细化、人性化。我们可以看到大部分的遗憾实际上是在前期我们缺乏对技术和管理措施进行一个全面的具有前瞻性、精细化和人性化的思考，让实际运行的效果大打折扣。但值得我们欣慰的是，发现问题有助于我们更好地想办法从技术上、管理措施上作进一步的优化和改进。

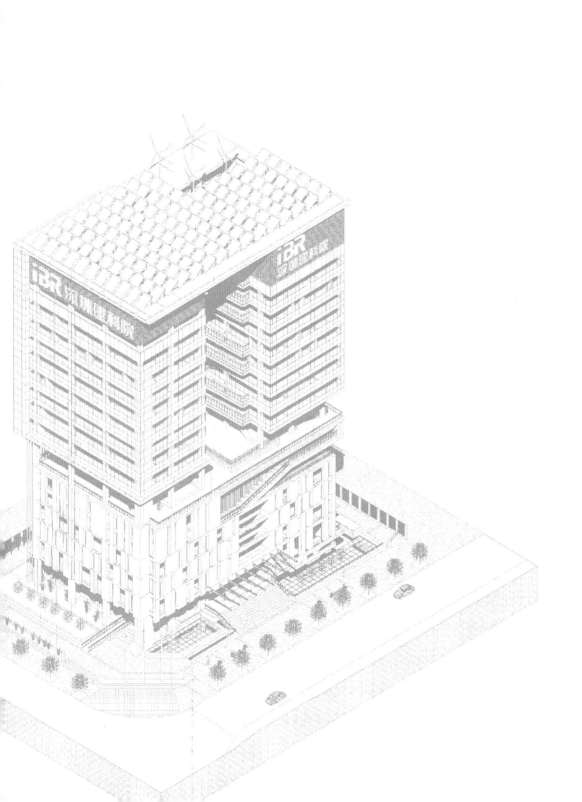

对话 绿色畅想

叶青

01 专家篇

深圳市建筑科学研究院叶青院长谈绿色运营

Q：绿色建筑对运营环节有什么要求？

叶青：在我国的绿色建筑评价技术细则(试行)中，从控制项、一般项和优选项三方面，对运营管理作出了具体要求。

控制项有：① 制定并实施节能、节水等资源节约与绿化管理制度；② 建筑运行过程中无不达标废气、废水排放；③ 分类收集和处理废弃物，且收集和处理过程中无二次污染。

一般项有：① 建筑施工兼顾土方平衡和施工道路等设施在运营过程中的使用；② 物业管理部门通过ISO 14001环境管理体系认证；③ 设备、管道的设置便于维修、改造和更换；④ 对空调通风系统按照国家标准《空调通风系统清洗规范》GB 19210规定进行定期检查和清洗；⑤ 建筑智能化系统定位合理，信息网络系统功能完善；⑥ 建筑通风、空调、照明等设备自动监控系统技术合理，系统高效运营；⑦ 办公、商场类建筑耗电、冷热量等实行计量收费。

优选项有：具有并实施资源管理激励机制，管理业绩与节约资源、提高经济效益挂钩。采用合同能源管理、绩效考核等方式，使得物业的经济效益与建筑用能效率、耗水量等情况直接挂钩。

Q: 建科大楼在绿色运营方面执行的情况怎么样？

叶青：在建科大楼的运营中，我们对所有的控制项和一般项都作了很好的响应，早在设计、建造阶段就衔接了各项规定的精神，在运营阶段更是逐条把绿色运营落到了实处。

因此，建科大楼继获得国家"三星级绿色建筑设计标识"后，于2011年5月再荣获"三星级绿色建筑运行标识"。在全国目前已获得标识的122个绿色建筑中，只有建科大楼等九个项目获得"运行标识"。"星级绿色建筑"由住房和城乡建设部发布，三星级是我国绿色建筑最高等级。

绿色建筑评价标识是绿色建筑的"资格证"，通过对一座建筑是不是绿色建筑、是何种等级的绿色建筑进行评估认证，为达标的申请项目颁发三个等级的证书和标志。与国内目前大部分绿色建筑获得的"设计标识"不同，"运行标识"必须以建筑正常运营一年后的绿色运营数据作为评价依据，也就是用项目在正常运行使用状态下的绿色节能成效来说话，而前者是根据设计图纸预测其绿色节能成效。建科大楼此次喜获运行标识，说明大楼不仅在设计上作了绿色节能的考虑，更在运营中、实践中、生活中真正达到标准规定的绿色节能要求。

建科大楼取得了良好的运行效果和社会效益。根据建科大楼实际运行能耗监测数据，与当地同类建筑平均水平比较，年单位建筑面积空调能耗低40%，年单位建筑面积照明办公能耗低75%，年单位建筑面积总能耗低40%。与此同时，建科大楼作为全国科普教育基地，定期向市民开放建筑技术、节能展示及绿色建筑技术科普教育活动，每年来参观交流人数逾8000人次。

Q: 对未来的绿色运营有何畅想？

叶青：我认为是更多地以人为本，更多地关注人的幸福感。

建筑是一个城市发展繁荣的标志，现在越来越多的建筑师、业主已经把幸福的理念融汇到实际的项目中。在他们眼中，绿色建筑各阶段包括后期的运营环节都可以创造更多幸福的可能性。在绿色思维的指导下，好的建筑与人的幸福感息息相关。

绿色建筑发展到今天，我们应该高度关注的是：用建筑引导生活模式、提升生活品质。以此为目标的建筑行为，必定是以人的幸福感为核心的。在建筑从策划、规划到建筑设计、建设、运营、拆除的全过程中，我们最应关注的不是物或者城市、建筑本身，而应该是人。建筑和城市都为人而生，我们所采用的技术和营造的物理环境都与人密切相关，会影响感官和心灵。

我们很欣慰地看到，建科大楼是一座有生命的建筑，她与自然一起活化，她在拥抱——春晖的明媚、夏雨的润沛、秋云的高洁、冬阳的温暖和人世间的生机……自然的光影在朴素的白墙灰地上烙下时间的记忆，胜过世上最昂贵的装饰。在这样的建筑中，可以说幸福的可能性得到最大的创造——近95%的员工对办公环境表示满意，认为有助于提升工作效率就是最好的证明。

　　未来，在建科大楼向深圳、向全国的推广中，我们希望在第二座、第十座、第一百座建科大楼中，绿色真正成为一种信仰，更多的建筑细节和更先进适宜的绿色技术，不仅能提升使用者的幸福感，还可以加强他们的社会责任感。与此同时，这个推广的过程也是一个从绿色建筑到幸福城市的过程。因为，绿色建筑对生态环境的响应，已经从建筑单体扩展到了全面审视建筑活动对全球生态环境、周边生态环境和居住者所生活的环境的影响；绿色建筑关注人性和使用性能，关注环境承载力和资源配置，关注全生命周期的成本（建设成本、使用成本、环境成本、改造成本及拆除成本），这实际上构成了幸福城市的生态、资源和环境框架。

　　信息技术的发展是幸福城市的技术保障，也是实现城市高效运营的有效手段。基于此，我们可以从生态诊断入手，定性与定量并行，经验与模拟结果相结合，规模化推广绿色建筑。随着物联网技术的发展，城市运营状态的信息监控和动态管理成为可能，信息监控（感知城市系统）可以为城市规划提供数据支持，更是及时验证、校准和调整城市规划的最有效和及时的工具，也是实现城市高效运营的有效手段。利用GIS系统和感知城市运营管理系统，也可以及时评估城市建设及运营状况，如有偏差可及时调整规划、实施补救措施。

Q：您参与了建科大楼从策划到运营的全过程，最大的感触是什么？

　　叶青：思维决定行动，观念决定出路。一个国家、一个民族的城市化进程只有一次，我们非常幸运，在中国城市化进程的鼎盛期的建设行业从事职业生涯，要做历史的罪人还是做历史的推动者，是否对得起自己的生命也对得起下一代，并且对得起我们生活的城市，其实全在一念之差——当我们拥有共同的理念的时候，困难肯定是会被战胜的，潜力是无穷无尽的。

张 炜

袁小宜

02 设计人员篇

对于参与建科大楼建设的设计研发人员来说，在自己的"作品"中上班，是一种别样的感觉。同时，他们所理解的他们所感受到的建科大楼，也与别人不同。

Q：建科大楼带给你们怎样的惊喜？

张炜：很多建筑经常有建成了不如原先效果图"画的好看"的情况，由于我们平常的设计是方案时候画效果图，深化和施工图往往只有二维的CAD图纸，很多修改和调整经常已经与原先效果图大相径庭。但是建科大楼的设计中，我们除了用二维的CAD，还引入了三维信息化的BIM系统软件进行辅助。因此，建科大楼是我参与的所有项目中，建成以后的效果与设计中的模型最接近的一次。不光外观效果，很多主要的空间的内部效果，也都提前在BIM软件中模拟分析过。

最奇妙的是，这栋大楼建成后依然让我保持很大的新鲜感，甚至到现在入驻两年多了，每次在不同地方工作、开会、路过停留，都还会不自觉地看每一个具体的细节，还会发现很多原先没有想象到的地方。比如从西面玻璃幕墙伸出几片绿叶，比如架空层的爬藤植物不仅爬满柱子，还爬上了顶棚。建科大楼的一部分外观是由绿色植物植物组成的，它是一种活的有生命的立面。随着它们的生长，建科大楼也不断有新的变化。

说到建科大楼带来的惊喜，我认为最大的惊喜是经常看到在窗外飞过一两只不同的小鸟，进而深刻地感觉到一栋绿色的建筑，不仅仅是为人服务，还应该属于生活在这里的花花草草、小虫小鸟。

袁小宜：建科大楼带给我的不仅是惊喜，更多的是一种欣慰。是我们，看着建科大楼一砖一瓦地盖成，看着建科大楼从最初纸上的模样变成一座实体建筑并在里面上班。对建科大楼实实在在的使用体验以及与世界上顶级绿色建筑的对比，再到同行的认可，我们感到更多的是欣慰和自豪感。

Q：在建科大楼里上班，有怎样的体会和感悟？

张炜：我参与过很多项目的设计工作，很多项目都是从草图纸上的几根概念的线条，一直跟到它们实施建成。整个过程像是孕育一个生命，很有自己孩子的感觉。而最后这些"孩子"一定是别人家的了。但是，建科大楼却给我们提供了与自己的"孩子"亲密接触的机会。带领参观者，去给他们讲解这栋大楼的各种"好"的时候，把当初的各种理念结合着真实实现出的实物介绍给客人，得到认同的赞叹时，那种感觉、那种心情更是倍感珍贵。

袁小宜：与建科大楼朝夕相处的过程，并不只是发现惊喜，其实更多的是发现遗憾、不断总结并不断进步的过程。在这栋建筑里工作了几年，我对绿色建筑的认识有了一些收获。首先，做一个绿色建筑，是一个系统工程。建科大楼的经验让我们积累了不少经验，更对一些技术有较成熟的把握，下次做项目时能更好地做到扬长避短；其次，从地域性来讲，由于绿色的种子撒得很广，所以我们也对不同地域的绿色建筑形成了经验的总结；而从建设施工来说，根据不同的客户，运作方式不一样，要更具多样化和灵活性。比如设备的采购，新材料、合作厂家最好应该提前介入；在运行维护方面，没有谁能一次就做到完美，本身的建筑设计决策者没办法完美，我们应加以理解。最重要的是，建筑有变化、有发展，我们要换一种思维来思考，充分理解"变"字，一些功能会变，楼的形象也在变，因为绿色的植物在生长，因此需要的是不断去完善，去完美。

什么事情都是没有最好，只有更好。建科大楼只是第一步，建科大楼给生活和工作在建科院的人们提供一个平台，去探索更好、更绿、更理想的建筑。

Q：您想象中的下一座建科大楼将会是什么样的？

张炜：如果再设计建科大楼，我可能不只在局部设计花池，而是在所有的立面设计花池，让每个人的窗外都是绿化，都能看到蝴蝶和小鸟。让它们也成为大楼的主人。我会更广泛地应用导光管，让大楼里那些还不是很亮堂的地方也在白天不需要开灯照明。我会给每个平台的前台同事设计一个被绿化的爬藤和鲜花围绕着的绿色玻璃小屋，让他们的工作环境也能抵御更恶劣的气候，更舒适健康。我会给每个露台设计更多的绿化种植空间，让每层都能够有很多菜地，让爬藤葡萄、丝瓜爬出的"小树"替代现在的遮阳伞。让休憩聊天的人可以顺手摘个果子吃。

当然，更理想的建科大楼，可能就不仅仅是一个办公楼，而是一个健康生活的社区，除了工作，还有更多的生活配套设施，上下班在鸟语花香的林荫道上漫步，到了中午下班可以有更多餐饮选择，甚至可以三五个人自己动手做点想吃的东西。工作之余，耕种下自留的菜地，给小鸟搭个窝，给小树上点肥，家能走路就到，家里的小朋友也经常来串门。工作和生活不再那么非此即彼的难以平衡。

邵碧梅　　　　　　　　　刘道林

03　行政管理人员篇

对每个来建科大楼参观的人来说，建科大楼的绿化是最直观，也最能引起大家赞叹的惊喜。而对于在里面上班的人说，更有所感悟的是一些实实在在的细节。

Q：你们在建科大楼中是如何快乐工作、健康生活的呢？

邵碧梅：建科大楼是一座会释放氧气和清风的大楼；大楼集工作、学习、娱乐和运动场所为一体，办公空间宽敞，光线适中，空气清新，处处充满绿意。我在建科大楼每天工作充实。每天的上下午茶，使我们工作之余补充身体能量及养生，每周一餐素食使我们学会绿色生活和环保理念，使身体更加健康。我作为行政后勤管理者更加要多关注每餐员工们的饮食健康，每当看见同事们吃得开心，身体健康，精神饱满地工作，我就很开心。每当来访客人对大楼的接待及对绿色食品的赞赏时，我就感到一种说不出的愉快。

刘道林：没有拥挤的人潮，没有狭窄的办公空间，没有死板的绿色植物，也没有奢华的摆设；无论外观还是功能，建科大楼一切都那么简洁、舒适、接近自然，追求的是简洁和高效。在我看来，建科大楼为我们提供了一个舒适健康的工作环境，办公室内自然通风、自然采光，而美丽的空中花园、室内生态休息厅等更是极大地满足了大家亲近大自然的渴望。在良好的工作环境和氛围中，我能每天保持高兴、舒适、乐观、精力充沛、热情饱满的精神状态。工作上遇到困难时，总能积极思考，积极解决。

Q：您想象中的下一座建科大楼将会是什么样的？

邵碧梅：我希望大楼会更加人性化和增添更加多的绿色科技技术元素，我也将加入绿色运维当中，每天记录大楼的变化和改进。比如怎样利用生物系统使景观喷水池的雨水更清，不会长绿藻；屋顶菜园的蔬菜长得更好，使更多的同事在工余时间耕耘自家菜园的乐趣；物业管理更像管家一样提供贴心的服务，使同事们在大楼办公像在家里一样贴心和舒服；员工饭堂不断改进，口味和饮食健康理念使大家越来越接受和喜欢。

刘道林：屋顶像一座花果山，我们有权摘食瓜果，但不得摘取花朵，破坏绿化！

夏鑫

梁涛

高吉强

04 物业管理人员篇

对建科大楼的物业管理人员来说，在这栋楼里工作，有不少的惊喜，但这些惊喜，也给他们带来了许多的挑战。而正是这些挑战，为他们的工作增添了更多的成就感。

Q： 建科大楼带给你们怎样的惊喜？

夏鑫：我之前负责的楼宇面积比建科大楼大得多，而只有18000m²的建科大楼让我在刚开始时多少觉得有点大材小用。但是，让我觉得惊喜更觉挑战的是，物业公司在平常的楼宇服务中，一般只负责公共区域，而在建科院，我们从前期设备设施的引进就开始参与了进来。正是前期的介入，让我们物业管理人员对诸如暗埋管线、线路等比较了解，有利于日后管理工作的执行。

同样，针对如此"与众不同"的建科大楼，我们物业管理部门也创新一些管理方式。如为了应对种种问题，更好地做到对可再生能源的利用，物业中心编写了一本图文并茂的《维修养护工作手册》；因为是开放式建筑，来参观交流学习的人比较多，怎么做好接待更是一项考验。分等级接待，一线人员标准化也是物业管理部门为了做好客户服务所作出的努力。如此种种，这份有挑战性的工作造就了我们的成就感。

Q： 你们在建科大楼中是如何快乐工作、健康生活的呢？

梁涛：在这儿发现问题，大家就共同切磋，共同解决，院里的很多工程师也因此成了我们的老师。"绿色运维"工作小组的成立，为我们物业管理部门的工作提供了较大的支持。

此外，清新的没有死板的绿化隔离带的办公大楼，让人在此工作不会有约束感，不会觉得压抑。

高吉强：建科大楼的通风和感光都做得特别好，我最喜欢的是空中花园，整栋大楼让人有家的感觉。

Q： 您想象中的下一座建科大楼将会是什么样的？

高吉强、梁涛：期望未来大楼里的设施能与人进一步磨合，达到人设合一的境界。每个楼都会有问题，但是建科院与其他地方最大的不同就是我们一直在发现问题，解决问题，一直在优化，所以我希望我也相信下一座建科大楼肯定会更好。

05 员工篇

Q: 建科大楼带给你们怎样的惊喜？

李益：建科大楼给我带来的惊喜在于六层及十三层的空中花园，初入职场，每天的工作压力真的很大，不论有多忙，每天午饭后到六层喂鱼是我们几个新人的必修课，喂鱼期间我们几个小姐妹聊聊工作，谈谈生活，确实给工作减压不少。有时饭后散步的地点为十三层，看看蔬菜，想象自己什么时候可以在这个高楼林立的城市拥有这么一片清新的菜地……

孙浩：建科大楼让人感到较为惊喜的是对于不同位置的员工都可以考虑其需求，比如为位置离窗较远的员工购买节能台灯，能减少大灯的使用，做到节能减排；夏天空气流通不畅的地方较热，能为怕热的人提供简单的小台扇。

黄森林：通风节能好采光，就地取材更减排！

何光辉：建科大楼的一天，光线变换，和风拂面，迎来朝阳、送去晚霞，是与自然相伴、同呼吸的一天。

汤琼：每当我茶歇，看到鸟儿、蝴蝶时就庆幸自己能够有幸在这么一栋绿色的大楼中工作，总体来说，我觉得建科大楼是到目前为止我见过的最绿色的大楼，唯一美中不足的地方就是公司附近的绿色有点缺少！

陈益明：与CBD区的写字楼相比，她是朴实的绿，没有整体玻璃幕墙的闪亮外观，也不会有密不透风的压抑感受。在这里，可以每天充实地工作。饿了，吃吃点心；累了，远眺片刻。同事彼此间还会带来亲切的问候。

刘海舟：窗外望去，无论是大楼内部的植物还是后面的山岭，满眼皆绿。

王羽：建科大楼虽然不高，但是名气却远播四方，成为人人敬仰的地方；虽然不是名师设计，但是合理的布局、亲切的空间，一直让人赞不绝口；虽然没有华丽的装潢，但是舒适的环境、宜人的花香，总是那么温馨自然；这就是我们的公司，我们的家。

Q: 你们在建科大楼中是如何快乐工作、健康生活的呢？

孙茵：作为一名工程师，最幸福的事就是在建科大楼里面办公了。"住进"大楼，才更真切地知道每一项绿色技术带来多大意义上的改变，有了最直接的感官体验和运行记录，为未来的绿色设计和创新积蓄弹性势能。

余涵：城市规划、建筑设计和科学研究都是非常需要创意和智慧的领域，需要一个自由的、人性化的环境。而建科大楼是一个很自由的空间，你可以在办公室、平台、花园间自由行走活动，小憩发呆，开会讨论。我每天坐在电脑前的时间不超过50%，更多的时间用在讨论、交流，从而更好地提升了设计和研究工作的质量和效率。

靳猛：喜欢她简洁、大方的风格；喜欢她恬淡、素雅的气质。工作间歇，凭栏远望，微风徐徐，特区风貌进入眼底；工作间隙，移步空中花园，置身之中，深呼吸，正气怡神。

胡晓锋：走进建科大楼，就像走进了城市中的绿洲；建科大楼与自然的和谐共存，让我感觉地球生态建设的希望，人类对自然的破坏，会从建科大楼看到恢复的希望。在建科大楼办公，感觉特别自豪与骄傲，因为我们没有浪费自然资源，反而是为保护自然资源作出贡献。

李娅：在建科大楼工作，时时处处都有"人在自然中"的感觉——自然通风、自然采光、垂直绿化、人工湿地。而这一切都是出自我们自己的智慧，我们用低成本创造了充满创意的建筑，这就是对绿色低碳生活的最好诠释！

刘雪松：建科大楼通风和光线都很好，非常舒适，能在里边工作是幸福的。愿伴随IBR一起成长！

汪滢：最喜欢夏季的夜晚，几个同事围坐在茶水间，喝茶、聊天、欣赏月色，感受徐徐的微风。

符适：建科大楼里空气清新，非常放松、心情很平静也很舒畅、同事之间的交流很顺畅，工作效率较高，就像在家里工作一样，很随意、很温馨，不像我曾经工作过的办公室，表面看起来装修非常豪华，但里面空气混浊，心情很压抑、同事之间的交流非常少，工作效率不高。

Q： 你们觉得建科大楼运行管理或实际使用中还有哪些问题和遗憾？

符适：由于通风太好，在冬天的时候，经常感觉有点冷；顶棚风管上用的涂料出现太多的裂纹。

黄亚楼：电梯的速度较慢，早晚上下班的时候容易造成拥堵；冬季时大楼的温度较低，建议增加采暖设施。

李丹丹：办公时间空调温度有些低，上班时需要穿外套，希望调高一点；卫生间提供的擦手纸巾让人觉得有点浪费，不是太环保。

刘丹：经常带客户参观，所以经常听到外面人的羡慕和感叹，工作生活在建科大楼里是一件很幸福的事，但建筑是遗憾的艺术，很庆幸作为我们自己的作品，我们还有机会改进这些遗憾：① 一层大堂的吊顶材料防锈性能不够好；② 六层作为我们经常举办交流活动的空间，应增设一些固定的器材，以免每次都要用临时设施，使用效果不够理想；③ 室内雨水管的消声处理不够理想，雨天噪声较大；④ 有一些卡位的灯光布置不合理；⑤ 各楼层的木甲板当初如果设计为木塑再生材料会更环保；⑥ 十二层活动室再合理规划下，要是安有部分镜面就更好了；⑦ 屋顶菜园子我们经常会带人参观，但菜畦的破木板很煞风景，建议改为石板。

彭佳冰：桌子下方，电脑机箱这些地方的地毯积聚大量的粉尘没有及时清洗；不同的空调系统给不同楼层不同感受。比如八层南区温度偏低，十层夹层又会感觉有点热，尤其是靠近窗户有光照的地方；七层的桌椅是平行于南向窗排列的，这样很多人的位置完全背光，所以需要开启人工采光，可以改进。

高崚：我觉得是否开空调要取决于室内的舒适度，不能完全以室外温度为参照。此外，四层实验室的个人防护措施不够规范。应该配以工作服，实验手套以及其他个人防护措施，并对所有进入实验室人员进行安全培训。最后，希望打印机旁边可放置订书机，方便装订。

Q: 你们想象中的下一座建科大楼将会是什么样的？

孙浩：我认为更理想的建科大楼是能解决员工工作与身体健康关系的大楼，比如不会因为长时间地久坐导致啤酒肚，不会因为长时间坐、导致腰椎病、颈椎病等。

余涵：我想象中的下一座更理想的建科大楼将是这个样子的：留出更多的空间给使用者参与，比如更多的软性墙，可贴最近的方案、调研的照片、项目的公告和活动的邀请；比如更多的室外桌椅和展架；比如更整齐开放的文印室兼文具室兼装订室；比如公共阅览室和学术讨论区等。

袁芮：建科大楼里随处可见的绿化环境、无处不在的环保设计以及极佳的通风效果，都让我情不自禁地享受着工作中的每一天。如果可以再增添一些风景画，也许会让建科大楼这座让人惊叹的艺术设计变得更加优雅动人。

李斌：更理想的建科大楼：有着山野里的新鲜空气，滋润饱和而凉爽；有更合理的办公空间组合，营造多变、宽容、舒适的空间环境。

沈凯：来建科院工作之前，对这里美好的工作环境无限期待。时间久了后却是赏花观影奈无良辰，也许我们更需要的是一种享受生活的心态吧。所以对于下一座更理想的建科大楼，我们期待的是不只身在其中，更需要融入其中！

后记 Postscript

2011年深秋，《共享运营》付梓出版。同期，这部共三册的绿色建筑系列丛书全部与读者见面。它们拥有一个共同的名字："共享·一座建筑和她的故事"。这是IBR人用三年时间完成的一项巨大工程，在即将告别这个我们倾注了太多热情、太多精力和太多期望的项目时，我们更愿意回味创作和探索过程中的感悟。那是在绿色的大时代背景下，一群心怀绿色梦想的人，一次艰难的跋涉，一次共享的探索，更是艰难跋涉和探索过程中真我实践和不断反思基础上的一场超自我的观念革命。

IBR人和建科大楼的故事，是从2005年的公开方案竞赛正式开始的。最终的方案设计并不是设计师闭门造车的产物，而是集合了建筑师、工程师、使用者等各方思想碰撞的共享成果。秉承着这种共享、平衡的理念，建科大楼自诞生起就注定不是封闭舞台上自我演绎的故事，而是全行业乃至全社会范围内基于绿色理念的相互关注、相互冲突和相互融合。六年的时间里，从绿色设计到绿色建造，再到永未止步的绿色运营，IBR人和政府、市民、专家、媒体、设备供应商、物业管理、科研人员等共同成为建科大楼的主角，他们从不同的维度出发，将思想的闪光点不断融合进建科大楼，使得这座绿色建筑不断生长，走向真正意义上的绿色，真正实现了人与人的共享，人与自然的共享，建筑与社会的共享。

然而，从绿色设计到绿色建造，再到今日之绿色运营，我们对绿色建筑的认知在这漫长的过程中遭遇了诸多挑战。十年前，行业初步发展，相关政策和措施还未出台，绿色的理念还未普及，绿色技术还未跟上，而我们毅然踏上了艰难的绿色建筑之路。十年过去了，绿色建筑方兴未艾，这个业已壮大的行业决定性地影响了建筑、城市乃至民众生活的发展方向。我们，也在这十年的过程中逐渐沉淀，而建科大楼无疑是这种沉淀的最好注解。作为获得无数殊荣的绿色城市技术服务商，我们有幸赶上了这样一个大时代。"共享·一座建筑和她的故事"是行业第一次以宏观关照微观，聚焦于一座绿色建筑的全生命周期，也是第一次透过设计者、建造者和使用者观看绿色建筑的发展。她的诞生，是绿色建筑行业发展的存照，我们力图超越自我的视角，为行业构建一个窗口，通过她，发现绿色建筑的坐标，寻看坐标中的行业并思索行业的发展。为此，我们自三年前就开始了艰苦的跋涉。

2009、2010、2011年，《共享设计》、《共享建造》和《共享运营》相继问世。犹若细心呵护初生的婴儿，丛书的编撰过程充满艰辛、探索和极大的考验。为保持丛书的科学、严谨而又不失普适性，我们抽调技术精英和编写精英，力图在专业与科普之间寻求平衡；因为绿色建筑理念的新生，书中有很多概念或者术语需要向专家求助或求证，我们在温习旧课与补习新知的过程中也对行业进行了系统的梳理；每篇每章，每字每句，我们都如履薄冰，生怕那些貌似常见的词语将读者指向殊异的世界；在寻找专业、准确与普适性的过程中，时有不知所云的疑惑，失其所踪的慌乱和无从定夺的窘迫，此时是背后的技术团队给了我们莫大的支持。

　　然而种种困境中，最难的却是如何"超自我"。自《共享设计》开始，叶青院长就强调丛书的核心是"共享"二字，不能仅仅站在编者的角度，而要思考，于读者，于行业，与民众，于自然，我们能共享的是什么。编撰之间，"自我"总会探出头来，而我们力图排除以自我和人为中心的小我世界，带给行业"超自我"的全新的绿色建筑新理念和新视角。在这个过程当中，我们更学会了谦卑，对社会、对自然的谦卑。愈是痛苦地梳理，愈是明白这座绿色建筑的初衷：为人与人的共享，人与自然的共享，建筑与社会的共享提供一片试验田。

　　而今，随着《共享运营》的问世，这套丛书终于从和行业共享探索的设想中变为现实，此套丛书的编写、选稿、编辑、出版，得到了方方面面的热忱关注和全力支持，请允许我们致以深深的谢意。

　　谨以此文纪念"共享•一座建筑和她的故事"的三年，献给所有关爱IBR的人们，献给所有热爱绿色的人们！今后我们仍将继续一座楼和一群人的故事。可能角度会不同，形式会有差异，但不变的是共享一个绿色的梦、共享时代的气息、共享信念的追求。

　　我们努力，我们期待。

"共享•一座建筑和她的故事"编委会
2011年9月25日

深圳市建筑科学研究院股份有限公司

总部地址：深圳市福田区上梅林梅坳三路29号建科大楼
邮编：518049
电话：0755-23951888
传真：0755-23931800
网址：www.szibr.com
免费服务电话：4008 8630 66

北京分公司（华北区域）
地址：北京市海淀区彩和坊路 6 号朔黄大厦 17 层
电话：010-82248300

福建分公司（华南区域）
地址：福建省厦门火炬高新区创业园创业大厦 420A 室
电话：18707550202

上海分公司（华东区域）
地址：上海市杨浦区国泰路 11 号 1508 室
电话：021-55088030

杭州分公司（华东区域）
地址：浙江省杭州市古墩路 701 号紫金广场 C 座 1006 室
电话：0571-28180070

四川分公司（西南区域）
地址：四川省成都市高新区天府大道天府三街 69 号新希望国际 B 座 2212 室
电话：028-86913656

重庆分公司（西南区域）
地址：重庆市北培区蔡家岗镇凤栖路 8 号
电话：15999642440

图书在版编目（CIP）数据

第三部 共享运营 / iBR深圳市建筑科学研究院股份有限公司编.

北京：中国建筑工业出版社，2011

（共享·一座建筑和她的故事）

ISBN 978-7-112-13520-2

I. ①第… II. ①i… III. 建筑工程—无污染技术—研究—深圳市 IV. ①TU-023

中国版本图书馆CIP数据核字（2011）第216268号

责任编辑：吴 绫　　责任设计：陈 旭　　责任校对：刘 钰

共享·一座建筑和她的故事

第三部 共享运营

Series of "Sharing: One Building & Tales about Her"

Series No. 3 Sharing Operation & Maintenance

iBR深圳市建筑科学研究院股份有限公司 编

*

中国建筑工业出版社 出版、发行（北京西郊百万庄）

各地新华书店、建筑书店经销

深圳市优尚视觉广告有限公司制版

利丰雅高印刷（深圳）有限公司印刷

*

开本：880×1230毫米 1/16 印张：9½ 字数：376千字

2011年11月第一版 2014年3月第二次印刷

定价：98.00元

ISBN 978-7-112-13520-2

（21501）

版权所有 翻印必究

如有印装质量问题，可寄本社退换

（邮政编码 100037）